Gianfredo Ruggiero

I0421429

Le vere cause del

CAMBIAMENTO CLIMATICO

Quello che la scienza non dice

(o non può dire)

Collana - *La Forza delle Idee* - Volume 11

circolo culturale

Excalibur

LE VERE CAUSE DEL CAMBIAMENTO CLIMATICO
Quello che la scienza non dice (o non può dire)
di Gianfredo Ruggiero

Codice ISBN: 9798884376748
Pubblicazione Marzo 2024
Ultimo aggiornamento Aprile 2026

Circolo Culturale Excalibur
Edizioni Excalibur
Codice Fiscale: 91049420127
E-mail: circolo.excalibur@libero.it
Web: www.edizioni-excalibur.it

A mia moglie per i suoi preziosi consigli

Il Pianeta non ha bisogno di essere salvato, si salva da solo: una bella scrollatina o un'ennesima glaciazione e si ricomincia da capo, magari senza umani.

Sommario

Introduzione

Negli ultimi decenni, il dibattito sul clima ha subito una progressiva accelerazione, accompagnata da una marcata deviazione, passando da argomento scientifico a dibattito politico-culturale in cui l'economia ha svolto (e svolge) un ruolo determinante.

Tutto ebbe inizio alla fine degli anni Ottanta del secolo scorso, quando si registrò un incremento della temperatura media globale che spinse gli studiosi del clima, ma anche soggetti estranei al mondo scientifico, a interrogarsi sulle cause del fenomeno.

Partendo dal presupposto che questo aumento ha avuto inizio con l'avvio della Prima Rivoluzione Industriale, a metà del '700, ne è scaturita una tesi di fondo, quella dell'origine antropica del cambiamento climatico, alla quale tutto il mondo scientifico è oggi tenuto a uniformarsi.

Da politico scaltro, seppe approfittarne Al Gore, vicepresidente degli Stati Uniti durante la presidenza Clinton che, cessata la sua carriera politica dopo la sconfitta alle presidenziali del 2001, s'impose come capofila della nascente ideologia climatista basata sul catastrofismo climatico che gli valse il Premio Nobel per la pace nel 2007, ottenuto sull'onda di un fortunato film del 2006, "*Una scomoda verità*", in cui il neo paladino dell'ambientalismo di potere tracciò le linee guida di quella grande opera di "*sensibilizzazione*" (meglio sarebbe dire di convincimento) dell'opinione pubblica circa l'imminente catastrofe climatica.

A tale scopo è stato creato nel 1988 il "*Gruppo intergovernativo di esperti sul cambiamento climatico*" (IPCC)[1], massima espressione scientifica dell'ONU, il cui compito è di:

---

(1) *L'IPCC è nato da due organismi scientifici delle Nazioni Unite, l'Organizzazione Metereologica Mondiale (WMO) e il Programma delle Nazioni Unite per l'Ambiente (UNEP) il cui scopo dichiarato è la "comprensione dei mutamenti climatici indotti dall'uomo". Ne fanno parte oltre duemila scienziati che concordano sull'origine antropica del cambiamento climatico, provenienti da tutto il mondo e operanti in vari campi con attinenza al clima.*

«*Fornire ai governi di tutto il mondo una chiara visione scientifica dello stato attuale delle conoscenze sul cambiamento climatico e sui suoi potenziali impatti ambientali e socio-economici. L'IPCC è un organismo scientifico che passa in rassegna e valuta le più recenti informazioni scientifiche, tecniche e socio-economiche prodotte a livello mondiale per la comprensione dei cambiamenti climatici*»

Come si legge nel sito dell'*Istituto Superiore per la Protezione e la Ricerca Ambientale* (ISPRA).

L'iniziativa dell'IPCC appare certamente lodevole, così come gli scopi dichiarati. Peccato che l'unica tesi presa in esame sia quella cara ai fautori della transizione ecologica, detta anche *Green Economy* o *Carbon Free Economy*, che nelle intenzioni dei promotori, ossia i colossi mondiali dell'industria e della finanza, porterà, dopo aver condizionato le scelte dei governi, a profondi cambiamenti nello stile di vita dei popoli e (per loro) notevoli opportunità economiche, grazie all'abbandono delle fonti di energia fossile a vantaggio di quelle cosiddette rinnovabili e a massicci interventi governativi per imporre misure estremamente onerose a carico dei cittadini, che si vedranno costretti a breve a dover mettere mano al portafogli per adeguarsi alle normative che impazzano nei palazzi della politica europea.

La conferma della posizione preconcetta, assunta ben prima che fossero attuati approfonditi studi sulle origini del cambiamento climatico, è scritta nella motivazione di assegnazione del Premio Nobel del 2007 ottenuto insieme a Al Gore, per:

«*... i loro sforzi nel rafforzare e diffondere una maggiore conoscenza sui cambiamenti climatici provocati dall'uomo*»

"*Provocati dall'uomo*", appunto. All'interno dell'IPCC non si discute né si dibatte: si selezionano gli studi più recenti, ma solo quelli che attribuiscono all'attività antropica la causa del riscaldamento globale, da segnalare poi alle 195 nazioni aderenti.

Altra funzione è quella di redigere rapporti di sintesi che seguono un'unica direzione ammessa, quella, per l'appunto, dell'origine antropica del cambiamento climatico. Di fatto, l'IPCC è un soggetto politico d'indirizzo che ha ben poco di scientifico in senso stretto.

Un ulteriore passo nella direzione da loro auspicata è stata la Conferenza di Rio sul clima del 1992, che approvò la tesi dello "*sviluppo sostenibile*" per modificare i processi industriali al fine di ridurre le emissioni dei gas serra.

Ne scaturirono due importanti trattati internazionali, il Protocollo di Kyoto del 1997 e l'Accordo Internazionale di Parigi del 2015. In entrambi i consessi le cause del riscaldamento in corso sono attribuite senza alcuna esitazione (e dibattito) alle attività umane, in particolare all'utilizzo di combustibili fossili.

A dare credibilità e autorevolezza all'organismo dell'ONU e sostegno alla nascente ideologia dell'AGW (*Anthropogenic Global Warming*) ci pensa quel 97% di scienziati che si è espresso a favore della tesi antropica. Peccato che questa percentuale "*bulgara*" si riferisca ai soli accademici interpellati (e probabilmente selezionati), e non all'intera comunità scientifica, che è ben più ampia e diversificata. Al suo interno le posizioni in tema di processi climatici sono spesso controverse se non addirittura antitetiche.

Lo dimostra la "*Dichiarazione Mondiale sul Clima*"[2] del 27 giugno 2022, una petizione internazionale presentata all'ONU da oltre mille scienziati di tutto il mondo, primo firmatario il Premio Nobel per la Fisica Ivar Giaever, e quella italiana del 17 giugno 2019[3] sottoscritta da oltre duecento autorevoli accademici - climatologi, metereologici, geologi, geofisici, astrofisici del calibro di Antonino Zichichi, presidente del Centro di Cultura Scientifica di Erice; Franco Prodi, direttore dell'Istituto di Scienze dell'Atmosfera e del Clima (CNR); Renato Ricci, Presidente della Società Europea di Fisica; Nicola Scafetta, Professore di Fisica dell'Atmosfera e Oceanografica presso l'Università di Napoli; Umberto Crescenti, Magnifico Rettore e Presidente della Società di Geologia Italiana; Giuliano Pansa, Docente di Sismologia dell'Università di Trieste e membro dell'Accademia Nazionale delle Scienze, vincitore nel 2018 del Premio Internazionale dell'American Geophsical Union, solo per citarne alcuni.

Tutti contestano la tesi dell'origine antropica del riscaldamento e la presunta accelerazione legata alle emissioni di gas serra, mentre la Paleoclimatologia mostra come il cambiamento climatico sia una costante nella storia del pianeta.

Andando indietro nel tempo, nel corso di un convegno internazionale sulle tematiche ambientali tenutosi il 14 aprile del 1992 nella cittadina di Heidelberg (Germania), oltre 4mila scienziati provenienti da 106 Nazioni, tra cui 72 Premi Nobel (tra i primi firmatari troviamo i premi Nobel italiani Rita Levi Montalcini e Renato Dulbecco) firmarono *The Heidelberg Appeal"* (Appello di Heidelberg)[4], presentato al Summit della Terra di Rio de Janeiro del 1992.

---

(2)   *https://clintel.org/italy-wcd/?*
      fbclid=IwAR1fF8xBU2Djz665FJJnifhLfNHuWoK9Xv5zeaPVMR8gnNSeHg_PPikJ
      1po

(3)   *https://opinione.it/cultura/2019/06/19/redazione_riscaldamento-globale-*
      antropico-clima-inquinamento-uberto-crescenti-antonino-zichichi/

(4)   *https://lth-blog-is.translate.goog/blog/lth/entry/908182/?*
      _x_tr_sl=en&_x_tr_tl=it&_x_tr_hl=it&_x_tr_pto=sc

L'Appello di Heidelberg è un invito all'onestà intellettuale e al buon senso per sconfiggere l'opportunismo politico e le paure irrazionali. Ne riportiamo alcuni stralci.

«*Vogliamo contribuire in pieno alla preservazione della nostra eredità comune, la Terra. Tuttavia in questo inizio del ventunesimo secolo, siamo preoccupati dell'emergere di un'ideologia irrazionale che si contrappone al progresso scientifico e industriale e impedisce lo sviluppo economico e sociale.*

(...) Noi sottoscriviamo in pieno gli obiettivi di un'ecologia scientifica per un universo le cui risorse vanno conosciute, monitorate e preservate. Ma con il presente documento chiediamo che questo inventario, monitoraggio e preservazione si fondino su criteri scientifici e non su pregiudizi irrazionali (...) mettiamo in guardia le autorità responsabili del destino del nostro Pianeta dal rischio di prendere decisioni sulla base di argomenti pseudo-scientifici, o di dati falsi e fuorvianti»

All'inizio del 2008, l'*Oregon Institute of Science and Medicine* (OISM) ha promosso una petizione sottoscritta da oltre 30mila scienziati (per la precisione 31.487)[5] che hanno attinenza alla materia climatica in cui si afferma senza mezzi termini che:

«*Il riscaldamento globale causato dall'uomo è un'ipotesi priva di validità scientifica*»

---

(5)   Fonte: *http://www.petitionproject.org/*

Questi oltre 30mila scienziati provengono dalle più svariate discipline scientifiche (non dimentichiamoci che la climatologia è una scienza interdisciplinare con ramificazione in molti campi in apparenza distanti) che vanno dalla pura climatologia alla meteorologia, passando per astronomia, astrofisica, geologia, geofisica, biofisica, oceanografia, scienze della Terra, ingegneria dell'ambiente e altre.

Docenti e ricercatori che da diverse angolazioni hanno espresso in modo chiaro e netto il loro parere contrario alla narrazione corrente, che vede nell'anidride carbonica prodotta dalle attività umane l'unica ed esclusiva causa del cambiamento climatico.

L'altissimo numero di adesioni mostra come una parte rilevante — forse persino maggioritaria — della comunità scientifica rifiuti la teoria dominante, confermando che la storia del clima terrestre è fatta di cicli naturali.

Eppure, queste petizioni, nonostante l'autorevolezza dei promotori e il numero sempre crescente di adesioni, sono completamente ignorate, mentre, al contrario, si dà voce a opinionisti, intellettuali e attivisti alla Greta Thunberg che ne sanno di scienza come noi di filosofia.

Da aggiungere che puntualmente la stampa conformista, a partire da Wikipedia, trova sempre il modo per screditare le petizioni e lo spessore scientifico dei sottoscrittori. La stessa tecnica utilizzata con successo durante la pandemia Covid, quando l'epiteto più ricorrente rivolto alle pubblicazioni contrarie al pensiero unico era: *"scienza spazzatura"*, condita da altrettanti poco lusinghieri apprezzamenti nei confronti degli autori, anche se si trattava di premi Nobel, come nel caso di Luc Montagner, lo scopritore del virus dell'HIV (AIDS), definito dal prof. Bassetti *"un vecchio rincoglionito"* (salvo poi essere querelato e condannato)[6].

Da quando la questione climatica è passata da argomento scientifico a imposizione politica, si è scatenata una vera e propria campagna mediatica di delegittimazione contro quella parte della comunità scientifica che rivendica la propria indipendenza e distacco dagli interessi politico-economici.

Gli studiosi, soprattutto quelli giovani che rappresentano il futuro della ricerca scientifica, per non compromettere la propria immagine e carriera sono costretti a tenere per sé le loro convinzioni e a stare ben attenti, quando pubblicano i loro lavori, a non far trasparire alcun dubbio riguardo l'origine antropica del riscaldamento globale, questo per non rischiare di essere additati come *"negazionisti climatici"*.

L'ennesimo passo in avanti per bloccare definitivamente qualunque tentativo di confronto sulle vere cause del cambiamento climatico, è stato mosso dalle più autorevoli riviste scientifiche che in passato si sono distinte per l'autorevolezza degli studi pubblicati, a prescindere dalle tesi sostenute. Le riviste Science, Nature e l'American Scientist - di fatto, la voce della Scienza - hanno deciso di non pubblicare articoli o studi che possano anche solo lontanamente mettere in discussione la visione allarmista oggi imperante, anche se proposti da scienziati di fama mondiale e da premi Nobel.

Tornando all'IPCC, le crepe iniziano a manifestarsi. Riportiamo di seguito un passaggio di Nicola Scafetta, professore di Climatologia presso l'Università degli Studi di Napoli Federico II[7].

---

(6)   *Finte: https://tg24.sky.it/cronaca/2023/04/07/bassetti-condannato-luc-montagner-risarcimento#:~:text=L'infettivologo%20Matteo%20Bassetti%20dovr%C3%A0,con%20il%20il%20sindaco%20Vittorio%20Sgarbi.*

(7)   *Fonte: AA.VV.. Dialoghi sul clima: Tra emergenza e conoscenza (pp.142-143). Rubbettino Editore. Edizione del Kindle.*

«*Come ampiamente noto l'IPCC è l'organismo fondato dall'ONU per lo studio dei cambiamenti climatici, in particolare per documentare la responsabilità dell'attività antropica nei confronti dell'attuale riscaldamento globale del nostro Pianeta. Vi fanno parte numerosi esperti di molte discipline, non solo climatologi ma anche ecomomisti e giuristi. Nel tempo, vari scienziati si sono dissociati dalle attività di questo organismo, che è sembrato adeguarsi a direttive politiche e ideologiche scientificamente non condivisibili. Così, ad es., si sono dimessi oltre 20 scienziati del clima, tra cui ricordo l'italiano G. Visconti, R. Lindzen, C. Landsea, J. Christy, N. Shaviv, D. Evans, Z. Jaworowsky, D. Clarke, C. Alegre, B. Wiskel, D. Bellamy, T. Patterson, ecc.*»

Il 17 aprile 2024, la prestigiosa rivista scientifica Nature si è vista costretta a ritirare diversi studi sul catastrofismo climatico, riconoscendo che le basi scientifiche di questi rapporti non erano corrette.

Un altro aspetto rilevante che altera pesantemente il dibattito scientifico, riguarda i finanziamenti alla ricerca, in quanto:

«*Chi finanzia la ricerca controlla la scienza*»

In passato la ricerca scientifica era sostenuta dai governi, ora è l'industria privata che finanzia gli istituti di ricerca e le università, indirizzandoli verso i propri interessi economici.

Poi ci sono gli Enti statali e Comunitari che pur stanziando somme irrisorie le legano a progetti precostituiti, come ad esempio quelli relativi alla supposta origine antropica del riscaldamento globale.

Di fatto, la ricerca, che in passato ha contribuito alla conoscenza dei fenomeni naturali e al progresso scientifico, ora è subordinata agli interessi della grande industria.

Interessi sostenuti dalla politica e dal servilismo della grande stampa e che orientano l'opinione pubblica nella direzione indicata da quelli che una volta erano definiti "*i poteri forti*".

Non abbiamo mai creduto alla teoria del complotto ordita da qualche oscura forza, crediamo invece nella *convergenza d'interesse* tra soggetti diversi che senza alcun collegamento e senza bisogno di consultarsi vanno nella stessa direzione da cui, evidentemente, traggono beneficio in termini economici o di prestigio, oppure per semplice conformismo.

La scienza si nutre di dubbi e di continue rielaborazioni, ed è progredita grazie allo scambio di esperienze tra scienziati e al libero confronto tra diverse scuole di pensiero, esattamente quello che oggi si vorrebbe fermare in nome della "*verità scientifica*". Una verità che ha l'amaro sapore di una religione, per giunta imposta con forme più o meno velate di censura, come ai tempi di Copernico e Galileo[8]. Durante gli anni bui del Medio Evo il dissenso scientifico era bollato di eresia, oggi di... negazionismo.

---

(8) *Durante il Medio Evo, e in particolare durante il periodo della Controriforma (XVI-XVII secolo), la Chiesa stabilì che tutto ciò che fosse in contrasto con le Sacre Scritture era da condannare. La scienza non venne risparmiata. Nel campo dell'astronomia ne fecero le spese, prima Nicolò Copernico e poi Galileo Galilei che ebbero l'ardire di confutare la credenza religiosa della Terra al centro dell'Universo. Cambiano i tempi, ma la tentazione di porre la scienza al servizio del potere non è mai venuta meno.*

Precisazioni

Prima di proseguire, alcune annotazioni sono necessarie. Le datazioni, in alcuni casi, potrebbero risultare discordanti: ciò è dovuto ai diversi studi di riferimento, che riportano dati non sempre perfettamente coerenti tra loro.

Lo stesso vale per i grafici e le tabelle riportati da fonti istituzionali, molti dei quali, per agevolarne la comprensione, sono stati tradotti e semplificati graficamente (in appendice sono disponibili le versioni originali).

Inoltre, per non appesantire il testo e rendere la lettura più fluida, abbiamo ridotto al minimo gli approfondimenti e le note a piè di pagina, rinviando il lettore interessato alla bibliografia allegata.

Infine, poiché questo testo non è un trattato scientifico, bensì un saggio divulgativo, si è cercato di conciliare il rigore dell'informazione con uno stile espositivo chiaro e accessibile a tutti, evitando, per quanto possibile, l'uso di termini tecnici e preferendo parole di uso comune. Ci auguriamo di esserci riusciti.

Buona lettura

Il cambiamento climatico in sette punti

Citiamo, in estrema sintesi, i concetti di base che saranno sviluppati nei prossimi capitoli.

1) Da quando esiste la Terra il clima è sempre cambiato, con o senza umani, e ogni volta in modo diverso;

2) L'uomo è responsabile dell'inquinamento dell'aria, dei mari e del consumo di suolo, ma non del cambiamento climatico, che dipende da fattori astronomici e naturali;

3) L'aumento della CO_2 - che non è un gas inquinante, tutt'altro - è una conseguenza, non la causa del riscaldamento globale. L'innalzamento della temperatura provoca l'evaporazione dei gas disciolti negli oceani che sono, dopo l'atmosfera, i più grandi depositi di anidride carbonica;

4) L'anidride carbonica - senza la quale non ci sarebbe vita sul pianeta - è presente in atmosfera con una percentuale dello 0,04%, di cui solo lo 0,0016% è attribuibile all'attività umana;

5) Un paragone spesso utilizzato dai sostenitori della tesi antropica per giustificare il presunto ruolo determinante dell'anidride carbonica, nonostante la sua scarsa presenza in atmosfera, è quello con i farmaci, per i quali una piccola dose di principio attivo può produrre grandi effetti sull'organismo. Questo è vero, ma l'idea che poche molecole di CO_2, disperse in uno spazio enorme come quello atmosferico, possano stravolgere il clima è invece tutto da dimostrare, e nella prassi scientifica ciò che non è verificabile non ha valore e rimane nel campo delle semplici supposizioni.

6) L'effetto serra — senza il quale la temperatura sulla Terra sarebbe più bassa di 33 gradi, passando dagli attuali 15°C a -18°C. — è causato per il 95% dal vapore acqueo, sotto forma di umidità atmosferica e nuvolosità d'alta quota. L'incidenza della CO_2, e in particolare di quella di origine fossile, è del tutto trascurabile (inferiore all'1%);

7) Si sente spesso dire che l'incremento della concentrazione atmosferica della CO_2 degli ultimi 150 anni e della temperatura degli ultimi 40 non abbiano precedenti nella storia del pianeta. Questo non lo possiamo sapere. Conosciamo i grandi cambiamenti epocali avvenuti nel corso di milioni o addirittura di miliardi di anni, ma non come è cambiato il clima in poche centinaia di anni che, nella scala temporale della Terra, corrispondono ad un battito di ciglia.

In conclusione: lasciamo che la natura segua il suo corso, e attrezziamoci per cogliere al meglio le opportunità che saprà offrirci.

Capitolo 1

La colpa è dell'uomo?

*Pretendere di controllare il clima
è una presunzione tutta umana*

La narrazione corrente attribuisce all'anidride carbonica prodotta dalla combustione fossile la causa principale del cambiamento climatico in atto. Ne consegue che qualunque evento meteorologico anomalo o fenomeno naturale di particolare intensità, anche se già avvenuto in passato, è ricondotto al riscaldamento globale, per cui:

*«Se il clima cambia e distrugge il pianeta
la colpa è dell'uomo»*

Il senso di colpa che ne deriva e la paura per le sorti del Pianeta e dell'Umanità si diffondono, alimentata dai continui richiami a fare presto perché, come afferma il Segretario generale delle Nazioni Unite António Guterres (28 luglio 2023):

«L'era del riscaldamento globale è finita, è arrivata l'era dell'ebollizione globale. Basta scuse, i leader devono agire»

L'ossessivo richiamo agli eventi estremi comincia a produrre effetti psicologici tangibili: si parla sempre più spesso di una nuova patologia, la cosiddetta *"ecoansia"*, ovvero l'ansia da catastrofe imminente, che colpisce soprattutto i più giovani.

Durante il medioevo, poco prima dell'anno mille, la Chiesa, per indurre al pentimento i fedeli, aveva diffuso il dubbio che nel passaggio al nuovo millennio ci sarebbe stata la fine del mondo. Dubbio condensato nella frase *"mille o non più mille?"*[1]. La storia, verrebbe da dire, tende a ripetersi, se pensiamo alle previsioni da catastrofi bibliche che ci sono prospettate da certa scienza: scioglimento dei ghiacci e innalzamento del livello dei mari che sommergeranno le città costiere come Venezia e New York; forte siccità e desertificazioni che ridurranno le superfici coltivabili, condanneranno alla fame intere popolazioni e determineranno flussi migratori sempre più massici e impossibili da controllare; fenomeni distruttivi che si susseguiranno con sempre maggiore forza e frequenza, come alluvioni, cicloni, tornadi e tsunami... Uno scenario da fine del mondo.

---

(1) *Credenza derivata da un passo dell'Apocalisse di San Giovanni: "Quando i mille anni saranno compiuti, Satana verrà liberato dal suo carcere e uscirà per sedurre le nazioni che stanno ai quattro angoli della terra".*

E a nulla valgono gli appelli alla ragionevolezza di molti studiosi, che ci ricordano come i cambiamenti climatici si manifestino gradualmente nel corso delle Ere Geologiche, che durano millenni, e non in pochi decenni come oggi si vorrebbe farci credere.

Nel recente passato si sono verificati eventi climatici con effetti simili alla disastrosa alluvione dell'Emilia-Romagna del maggio 2023: basti ricordare lo straripamento del Po nel novembre 1951 e l'inondazione del Polesine, che causò circa 100 morti e oltre 180.000 sfollati; oppure l'alluvione di Firenze del 4 novembre 1966, provocata dall'esondazione dell'Arno e dell'Ombrone, che sommerse completamente la città di Grosseto. Eppure nessuno allora parlò di cambiamento climatico come oggi si tende a fare per ogni evento eccezionale.

La natura non è statica, è un'entità viva. In natura non esiste il concetto di linearità, che appartiene al pensiero razionale umano, come non esiste stabilità e ripetitività (un giorno è diverso dall'altro). La natura è regolata da una quantità inimmaginabile di equilibri tra loro concatenati. È sufficiente l'alterazione di uno di questi assetti per provocare scompensi che non sempre siamo in grado di comprendere e prevedere come i terremoti e le eruzioni vulcaniche. Ricondurre tutto ciò che appare fuori "standard" al cambiamento climatico, a sua volta causato dalle attività umane, è una risposta che potremmo definire semplicistica se non fosse per il tentativo deleterio d'imporre l'immagine distorta dell'uomo nemico della natura che si ribella. Le colpe dell'uomo nei confronti dell'ambiente ci sono, ma sono ben altre.

Appare del tutto incomprensibile la pretesa di certa scienza di prevedere con certezza assoluta come sarà il clima del futuro e di stabilire con altrettanta sicurezza i suoi effetti attraverso algoritmi e formule matematiche, come se la natura fosse materia di programmatori e non di scienziati.

Una presunzione che si esercita senza rischio di smentita: quando, tra decenni, le previsioni non si saranno avverate, nessuno se ne ricorderà, esattamente come avvenne nei primi anni Settanta del secolo scorso, quando la stessa scienza lanciava l'allarme per una crisi climatica imminente causata dal... freddo.

Tutta l'attenzione è oggi rivolta all'aumento della concentrazione atmosferica di anidride carbonica, iniziato 150 anni fa, e a quello della temperatura degli ultimi quarant'anni. In entrambi i casi, parliamo di un lasso di tempo irrisorio, paragonabile a un battito di ciglia nella storia climatica della Terra.

Che poi questi incrementi siano avvenuti più o meno velocemente che in passato è tutto da dimostrare, non essendoci dati certi su cui contare. Le rilevazioni geologiche sono ottenute indirettamente tramite la paleoclimatologia, hanno quindi valore di stime.

Possiamo essere precisi oggi, grazie alla tecnologia e all'esperienza scientifica, ma non certamente riguardo fenomeni avvenuti milioni di anni fa quando, ovviamente, non esisteva alcuna forma di rivelazione e registrazione degli eventi.

La sicurezza esibita nello stabilire con precisione i valori della temperatura e delle concentrazioni gassose atmosferiche delle passate Ere geologiche ci appare decisamente fuori luogo. Sono comunque gli unici dati disponibili e su questi ci confrontiamo.

Scenari da incubo

«Se l'immissione nell'atmosfera della CO2 prodotta dalle attività umane dovesse continuare con un incremento pari a quello registrato degli ultimi anni, entro la fine del secolo la Temperatura Globale Media (TGM) della superficie terrestre potrebbe aumentare di 1,5/2 gradi. Le conseguenze sarebbero catastrofiche, sarebbe la fine dell'umanità»

Questo è, in sintesi, l'allarme lanciato dalle massime autorità scientifiche legate all'ONU, rilanciato da Capi di Stato e politici di tutto il mondo e amplificato dagli organi d'informazione e dai social-media. È una continua litania, roba da *"ricordati che devi morire"*. Lo scomparso John Houghton, primo co-presidente dell'IPCC, lo ammise con candore[2]:

«Se non annunciamo disastri, nessuno ascolterà»

La relazione di sintesi dell'IPCC (lo ricordiamo, il Gruppo intergovernativo sui cambiamenti climatici dell'ONU) pubblicata il 20 marzo 2023 e ripresa dal sito Meteo.it con il titolo *"Ecco cosa succederà quando la temperatura globale salirà di 2 gradi"*, è al riguardo esplicita[3].

«Sale la temperatura della Terra: spariscono cibo, piante e animali (...) La sopravvivenza sul pianeta Terra sarà una missione quasi impossibile anche per l'uomo, poiché la perdita di cibo e di materie prime sarà inevitabile (...) numerosissime specie animali e vegetali rischiano di

---

(2) https://www.attivitasolare.com/anche-richard-tol-lascia-il-gruppo-intergovernativo-dellipcc/

scomparire per sempre; si stima che l'8% dei vertebrati perderà il 50% del suo habitat con un aumento di 2 gradi, mentre il 16% delle piante lo perderà del tutto.

L'Australia occidentale potrebbe perdere fino al 90% dei suoi anfibi, mentre l'Africa meridionale vedrebbe sparire per sempre l'86% dei suoi uccelli e l'80% dei suoi mammiferi (...) Ma la mancanza di cibo comporta anche la diffusione di malattie e l'aumento delle temperature ne favorirà l'aggressività; E a tutto ciò si uniscono i disastri ambientali, la siccità, gli incendi e ogni singolo elemento sarà una tessera di un domino mortale in cui sarà impossibile vivere la bellezza del nostro pianeta, e in molti casi sarà proprio impossibile vivere.

Tutto quanto appena descritto può sembrare uno scenario da film apocalittico, un disegno lontano da noi proveniente da un mondo distopico. Invece no, è tutto vero, è tutto tremendamente vicino e siamo stati proprio noi esseri umani a provocarlo»

Che dire... uno scenario da incubo, a dare retta a certa scienza. Invece la storia ci dice tutt'altro.

---

(3) Fonte: https://www.meteo.it/notizie/cosa-succede-9cff9d0f#:~:text=Cosa%20succede%20se%20la%20temperatura%20della%20Terra%20sale&text=Non%20solo%2C%20%C3%A8%20molto%20probabile,2100%2C%20peggiorando%20nettamente%20la%20situazione.

Il Caldo Romano

Durante l'epoca romana, il mondo occidentale attraversò un periodo di grande sviluppo economico, favorito dall'espansione delle aree coltivabili, dall'intensificazione degli scambi commerciali e dalle campagne militari che portarono all'annessione di nuove province fertili, in particolare nel Nord Africa e nelle regioni danubiane. Da queste zone provenivano tributi e prodotti agricoli fondamentali: le attuali Tunisia, Marocco, Libia ed Egitto costituivano il granaio dell'Impero.

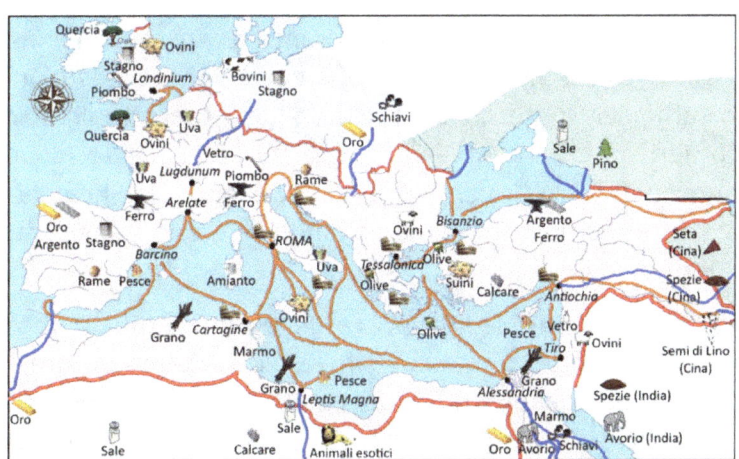

Figura 1.1. Mappa delle rotte commerciali dell'Impero Romano alla fine del II secolo d.C. Fonte: Geopop.

Mai nella storia si era assistito a un progresso così imponente in tutti i settori dell'attività umana, come quello verificatosi tra il 200 a.C. e il 400 d.C. nell'area mediterranea e dell'Atlantico settentrionale, soprattutto se si considerano i limitati mezzi di comunicazione e trasporto dell'epoca. Ebbene, la *Temperatura Globale Media* (TGM) durante il periodo di massimo splendore ed estensione della civiltà Romana e di forte incremento demografico, era di 2 gradi maggiore di quella odierna.

Lo dimostra lo studio pubblicato sulla rivista *Scientific Reports* dal Consiglio Nazionale delle Ricerche (CNR) del 2020 [4] che in sintesi afferma:

> «*Il mar Mediterraneo ha vissuto una fase di eccezionale riscaldamento al tempo dell'Impero Romano: le temperature superficiali avrebbero addirittura superato di due gradi i valori medi registrati alla fine del XX secolo, rendendo il periodo Romano come il più "bollente" degli ultimi 2000 anni*»

Dell'epoca romana ci sono giunte grandi quantità di reperti e testimonianze scritte che raccontano la vita quotidiana, ma non esiste affresco, bassorilievo, decorazione o testo in cui siano raffigurati o descritti uomini politici, intellettuali, soldati, condottieri o cittadini vestiti in modo pesante o coperto, neppure nei mesi invernali. Un'indicazione significativa del fatto che le temperature medie annuali erano sensibilmente superiori a quelle odierne.

Anche durante il Medioevo, tra il 900 e il 1300, si registrò un riscaldamento climatico simile, con temperature che superarono di circa due gradi quelle attuali. Eppure, non risulta che vi siano stati stravolgimenti climatici catastrofici come quelli profetizzati oggi da alcuni ambienti scientifici e mediatici.

L'aumento della temperatura di alcuni gradi può sicuramente influire sui processi naturali e portare a nuovi equilibri, ma non è detto che gli effetti debbano necessariamente essere per noi negativi, anzi, la storia ci dice il contrario.

---

(4) https://www.ansa.it/canale_scienza_tecnica/notizie/terra_poli/2020/07/17/il-mediterraneo-bollente-al-tempo-dellimpero-romano_9fa5f8ae-b1a6-450c-ace4-17aafce4b3de.html#:~:text=Il%20mar%20Mediterraneo%20ha%20vissuto,bollente'%20degli%20ultimi%202.000%20anni.

Sta all'uomo prepararsi adeguatamente per affrontare le conseguenze del cambiamento e cogliere le opportunità che la natura sarà in grado di offrirgli. Ad esempio, terre oggi inospitali a causa delle basse temperature, come la Siberia, potrebbero divenire coltivabili in futuro, esattamente come fecero i nostri antenati, che seppero adattarsi al nuovo clima senza lasciarsi travolgere dal panico.

Trasformare i temuti effetti da negativi in positivi dovrebbe rappresentare la vera sfida del futuro, se non fosse per gli enormi interessi economici in gioco che, nella pia illusione di poter controllare il clima, spingono verso un cambiamento di natura puramente speculativa, che nulla ha a che vedere con la scienza.

Spiace constatare come anche illustri studiosi si pieghino a questa logica, accettando — chi per conformismo, chi per convenienza, chi per timore — di sostenere la tanto sbandierata transizione ecologica, che comporterà ingenti costi e ben pochi benefici reali. Eppure, costoro sanno bene che la natura si rinnova costantemente, adattandosi ai cambiamenti imposti dall'unico vero artefice della vita sulla Terra: il Sole.

Ogni giorno scompaiono specie animali e vegetali incapaci di adattarsi ai mutamenti naturali o causati dall'uomo, come la comparsa di nuovi predatori che alterano l'equilibrio della catena alimentare, oppure per effetto di attività antropiche (deforestazione, inquinamento atmosferico e marino, uso massiccio di pesticidi, diffusione delle plastiche).

Nel contempo, però, nuove forme di vita compaiono inaspettatamente, mentre altre specie migrano verso aree più favorevoli alla sopravvivenza e alla riproduzione.

La "*Conferenza delle Nazioni Unite sulla Biodiversità*" (COP15) di Montréal, svoltasi nel dicembre 2022, pur tra forzature e contraddizioni, ha lanciato l'allarme sull'estinzione di molte specie animali e vegetali a causa del cambiamento climatico e delle attività umane. Tuttavia, ha dovuto riconoscere che il ritmo medio di scoperta di nuove forme di vita (tassonomia) è pari a circa 15.000 specie l'anno.

A conferma di ciò, i ricercatori della *California Academy of Sciences*, a loro volta, hanno annunciato la scoperta, nel solo 2022, di 146 nuove specie tra animali, piante e funghi.

Il bilancio tra specie scoperte e specie scomparse sembra pendere verso le estinzioni, spingendo l'ambiente verso nuovi assetti di equilibrio. In questo caso, però, la responsabilità dell'uomo è effettivamente determinante, a causa delle molteplici forme di inquinamento e dell'alterazione degli habitat naturali. Ma la natura, come sempre, restituisce ciò che toglie, anche se in forme diverse.

Durante l'ultima glaciazione, quella di Würm, terminata tra 11 e 12.000 anni fa dopo essere durata quasi centomila anni, scomparve circa il 90% delle specie viventi, sterminate dal gelo e dalla mancanza di risorse alimentari. Animali di grandi dimensioni, come il Mammut e il Rinoceronte lanoso, si estinsero. Sopravvissero solo pochi esemplari di alcune specie. Eppure, dopo poche migliaia di anni, con l'innalzarsi delle temperature e il mutare del clima, la vita esplose nuovamente in tutte le sue forme, sia animali che vegetali.

Capitolo 2

La storia climatica del Pianeta Terra

U n primo abbozzo di Terra si sarebbe formato circa 13,7 miliardi di anni fa, quando una grande esplosione avvenuta nell'universo — nota come teoria del Big Bang — diede origine al Sistema Solare.

Nello spazio si dispersero enormi quantità di frammenti rocciosi e polveri che, successivamente, si aggregarono formando le Stelle (corpi dotati di luce propria, come il Sole), i pianeti (che riflettono la luce solare) e la Luna, il nostro satellite naturale, visibile perché rimanda la luce del Sole.

Nei primi 600 milioni di anni dalla sua formazione la Terra si presentava come una sfera incandescente, composta da materiali allo stato fuso, tenuti insieme dalla forza di gravità e continuamente colpita da meteoriti e comete, a causa dell'assenza di un'atmosfera protettiva.

I minerali più pesanti (Ferro e Nichel) sprofondarono verso il centro del Pianeta dando origine al *Nucleo*, mentre quelli più leggeri (Alluminio, Sodio, Potassio e Silicio), rimasti in superficie, andarono a costituire il *Mantello* e una primitiva *Crosta Terrestre*. I continenti si sarebbero formati molto più tardi.

Il calore della superficie terrestre proveniva principalmente dagli strati interni, mentre il Sole, pur essendo più vicino rispetto a oggi, emetteva il 30% in meno di energia radiante, secondo la teoria del *Sole giovane*.

L'intensa attività vulcanica sulla crosta terrestre in via di formazione, trasformò l'atmosfera in una immensa nube di metano (CH_4), ammoniaca (NH_3), acido solfidrico (H_2S) e vapore acqueo (H_2O) che avvolse il globo, trattenuta dalla forza di gravità.

Dal raffreddamento della superficie terrestre, quando la temperatura scese sotto i 100 gradi, il vapore acqueo,

---

(1) *I Procarioti sono organismi unicellulari privi di nucleo apparsi circa 3,7 miliardi di anni fa, poi affiancati, a partire da 2,5 miliardi di anni fa, dagli Eucarioti, organismi più complessi dotati di nucleo, e dai primi organismi pluricellulari, sebbene confinati nei soli ambienti acquatici.*

condensandosi e precipitando sotto forma di pioggia, riempì le profonde depressioni della Crosta dando origine ai primi oceani e alle prime forme di vita: i Cianobatteri (in passato chiamati anche alghe azzurre), degli organismi primordiali (Procarioti[1]) che attraverso un processo fotosintetico, per tutto simile alla fotosintesi clorofilliana dei vegetali, modificarono la composizione dell'atmosfera terrestre, immettendo grandi quantità di ossigeno (O_2) e rendendola respirabile.

Attraverso il loro metabolismo, i cianobatteri e altri microrganismi fotosintetici estrassero ossigeno molecolare dall'acqua, favorendo la formazione, nei fondali marini caldi e poco profondi, di composti organici come gli amminoacidi, precursori delle proteine. Secondo la teoria del *brodo primordiale*, da questi composti avrebbero avuto origine le prime forme di vita, che si sarebbero poi evolute anche sulla terraferma grazie alla formazione dell'ozonosfera, una fascia protettiva che filtrava i raggi ultravioletti solari. Tale teoria, sebbene comunemente accettata, appare ai nostri occhi poco convincente... ma su questo torneremo nei prossimi capitoli.

Il raffreddamento della Terra proseguì lentamente ma ininterrottamente per miliardi di anni fino a quando, tra i 700 e i 600 milioni di anni fa (nel *Proterozoico*), non subì un'accelerazione che fece crollare le temperature portandole tra i 20 e i 50 gradi sotto zero. La Terra fu avvolta da una coltre dighiaccio spessa più di un chilometro che la fece apparire come una enorme palla di ghiaccio (*Snowball Earth*). Le conseguenze furono devastanti: gran parte delle forme di vita vennero cancellate.

Sulle cause di questa prima profonda glaciazione che sarà replicata in tono minore con le Ere glaciali, il mondo scientifico è tutt'altro che concorde e sono diverse le ipotesi: dall'impatto di grossi asteroidi a dense e scure emissioni vulcaniche che avrebbero offuscato i raggi solari.

La più accreditata ipotizza una causa astrofisica. Considerato che il nostro Sistema Solare era in via di assestamento, sarebbe bastato uno scostamento di pochi gradi dell'asse terrestre o una piccola alterazione del rapporto gravitazionale tra i vari pianeti e il Sole per ridurre drasticamente l'irradiazione solare della Terra.

Fortunatamente, dopo una decina di milioni di anni ci fu la svolta. Le temperature iniziarono lentamente a risalire e la morsa del ghiaccio a ridursi. La vita poté riprendere il suo ciclo. Cosa avvenne lo possiamo solo ipotizzarlo.

Secondo alcune ipotesi, alcune potenti esplosioni vulcaniche immisero nell'atmosfera grandi quantità di anidride carbonica e metano, innescando un accenno di *"effetto serra"*, in grado di trattenere il calore della Terra e avviare un lento riscaldamento, durato dai quattro ai trenta milioni di anni.

La liberazione degli oceani dalla coltre ghiacciata, rimasta solo alle latitudini polari, riattivò il ciclo del carbonio, grazie alla diffusione della vegetazione marina e, successivamente, di quella terrestre, che trasformò l'anidride carbonica in ossigeno.

Il clima divenne temperato (la temperatura media del Pianeta era di 6-8 gradi centigradi maggiore dell'attuale) favorì la diffusione della vita in tutte le sue forme. Questa stabilità fu però più volte interrotta da glaciazioni, eruzioni vulcaniche e impatti meteoritici, come quello avvenuto circa 66 milioni di anni fa nel Golfo del Messico, che causò l'estinzione dei dinosauri e di gran parte della vita sulla Terra.

Sarebbe interessante approfondire le singole tappe che hanno accompagnato la storia climatica della Terra, dalla sua nascita ad oggi, ma ciò ci porterebbe lontano. Ci limiteremo dunque, nel prossimo capitolo, ad analizzare le trasformazioni climatiche avvenute negli ultimi diecimila anni.

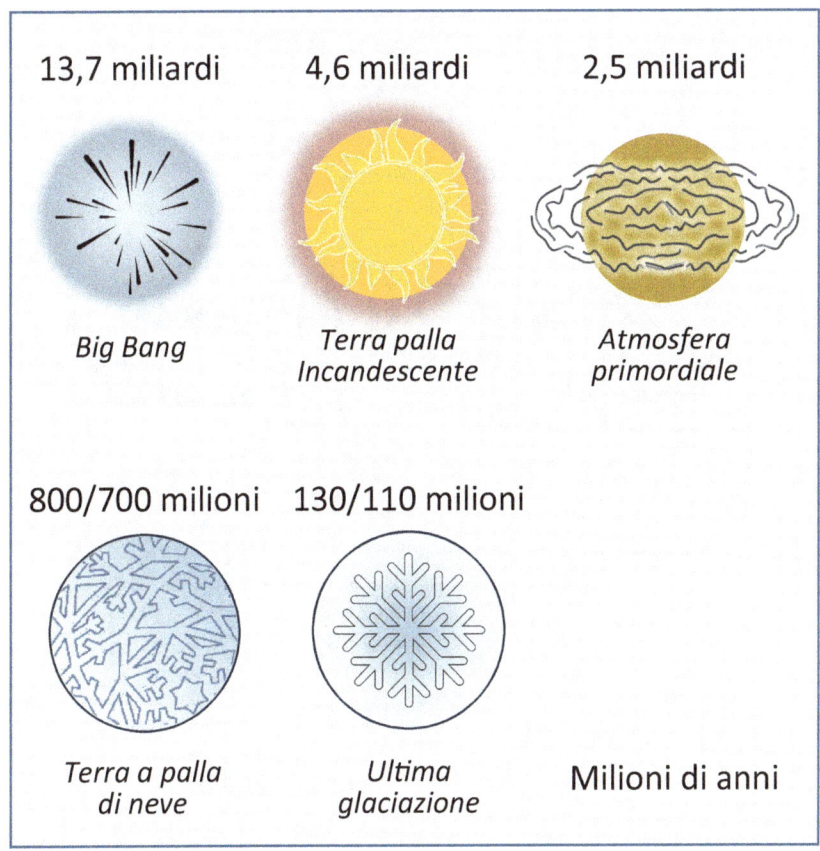

13,7 miliardi

Big Bang

4,6 miliardi

*Terra palla
Incandescente*

2,5 miliardi

*Atmosfera
primordiale*

800/700 milioni

*Terra a palla
di neve*

130/110 milioni

*Ultima
glaciazione*

Milioni di anni

Figura 2.1. *Le principali tappe della storia climatica del nostro Pianeta.*

Prima di proseguire chiariamo il significato dei termini che incontreremo spesso nel corso di questa trattazione.

La definizione di *Era Glaciale /Interglaciale* si riferisce a un arco di tempo molto ampio, sull'ordine delle centinaia di milioni di anni, mentre le definizioni di *"Periodi"*, che si verificano all'interno di un'Era Interglaciale, restringono il campo a 100mila anni per i Periodi Glaciali e 10-15mila anni per i Periodi Interglaciali.

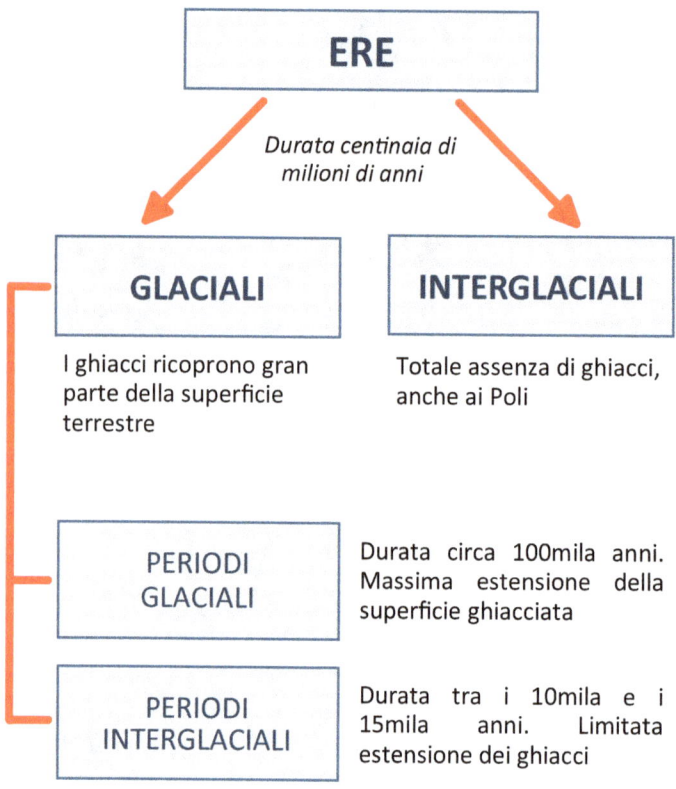

Figura 2.2. La durata approssimativa dei cambiamenti climatici.

I Periodi Glaciali sono caratterizzati da un forte avanzamento delle calotte polari, al contrario dei periodi interglaciali in cui si assiste a un aumento medio della temperatura che provoca l'arretramento dei ghiacci polari e una generale riduzione delle aeree ghiacciate.

Nello schema che segue è riassunta l'alternanza tra fasi fredde (*Ere Glaciali*) e fasi caldo/temperate (*Ere Interglaciali*) da quando è iniziata l'indagine Paleoclimatica 2,7 miliardi di anni fa.

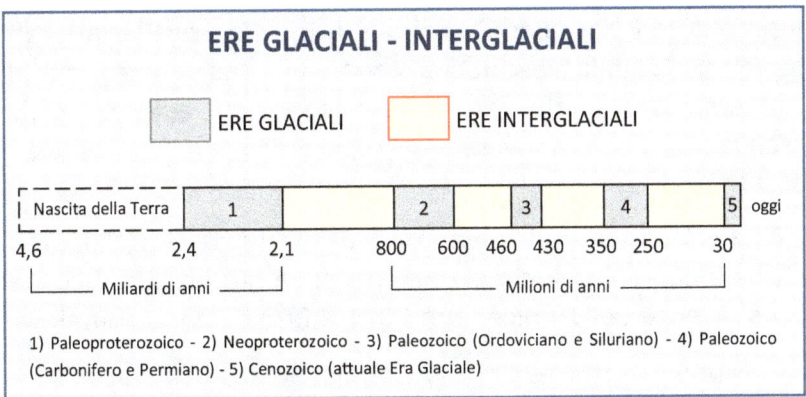

Figura 2.3. Alternanza Ere Glaciali e Interglaciali. Fonte: elaborazione grafica da Wikipedia.

Restringendo il campo all'ultima Era Glaciale vediamo che sono avvenute quattro glaciazioni, la più remota, chiamata Günz, è terminata circa 900mila anni fa, mentre la più recente, quella di Würm (che pare sia stata la più fredda), è iniziata 110mila anni fa per concludersi circa 11,7mila anni fa.

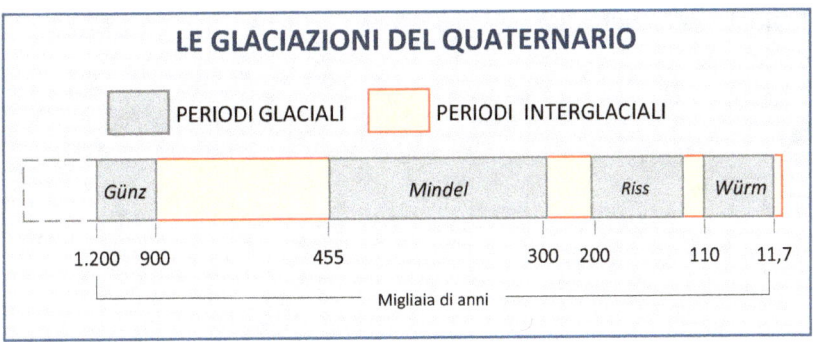

Figura 2.4 Le glaciazioni del Quaternario. Fonte: elaborazione grafica da Wikipedia.

Durante i Periodi Interglaciali, come quello che stiamo attraversando ora chiamato Olocene, il clima ha sempre subito profonde variazioni con sbalzi di temperatura nell'ordine dei 2-3°C e della durata di centinaia di anni, come è avvenuto durante il Periodo Caldo Romano e la Piccola Era Glaciale. Non possiamo quindi escludere che la fase che stiamo attraversando, e che per taluni scienziati appare "*senza precedenti*", non sia invece una replica di quanto avvenuto in passato.

Paradossalmente, l'aumento della Temperatura dei giorni nostri sarebbe il preludio di una ennesima glaciazione. Secondo *Focus Scienze* del 19 dicembre 2021 a firma Luigi Bignami:

> «*Non è da escludere che la storia si ripeta, e che entro 5 mila anni i ghiacciai tornino a occupare vaste superfici continentali*»

Mentre altri scienziati prevedono che il riscaldamento globale potrebbe avvicinare l'inizio della prossima glaciazione a 2-3 secoli. I più pessimisti sono i ricercatori tedeschi dell'Università di Potsdam, secondo i loro calcoli è sufficiente un incremento della concentrazione atmosferica di anidride carbonica dell'1% per anticipare di un secolo la prossima glaciazione. Anche su questo tema, la scienza è tutt'altro che concorde.

Capitolo 3

L'atmosfera terrestre

C ome abbiamo visto nel capitolo dedicato alla storia del
Terra, una prima forma di atmosfera, con una
composizione chimica molto diversa da quella attuale, si
formò poco tempo dopo la nascita del nostro Pianeta. Era
costituita in gran parte da idrogeno, vapore acqueo, metano e
ammoniaca.

Vi era anche una piccola quantità di ossigeno che combinandosi con il metano secondo la reazione:

$$CH_4 + O_2 \rightarrow CO_2 + 2H_2O$$

diede origine alle prime molecole di anidride carbonica: fu l'inizio della vita. Grazie alla reazione fotosintetica dei microorganismi acquatici con la CO2, poco alla volta l'atmosfera terrestre si arricchì di notevoli quantità di ossigeno e raggiunse una composizione simile a quella attuale.

La formazione della fascia di ozono in alta quota, secondo la teoria corrente, avrebbe impedito alle radiazioni infrarosse nocive del Sole di raggiungere la Terra, permettendo lo sviluppo della vita animale sulle terre emerse.

Struttura

Lo spessore dell'atmosfera terrestre è di circa 500 chilometri, sebbene il 90% della sua massa sia concentrato nei primi 16 chilometri dalla superficie. La forza di gravità terrestre la trattiene, impedendo ai gas che avvolgono il pianeta di disperdersi nello spazio.

L'atmosfera è suddivisa in quattro fasce: la Troposfera, la parte a diretto contatto con la superficie terrestre dove avvengono i maggiori processi climatici e i fenomeni metereologici; la Stratosfera che contiene lo strato di Ozono; la Mesosfera, dove sono presenti composti dotati di elevata energia cinetica e la Termosfera, un'area estremamente rarefatta costituita da soli atomi e ioni. Andando oltre, con l'Esosfera, inizia lo spazio infinito.

Composizione chimica

L'atmosfera terrestre è formata per il 99% da Azoto e Ossigeno, del restante 1% la quasi totalità è rappresentata dall'Argon (0,94%).

Il restante 0,06% è suddiviso tra altri composti gassosi presenti solo in tracce, tra i quali troviamo quelli che sono considerati dalla *"scienza ufficiale"* i maggiori responsabili dell'effetto serra: l'anidride carbonica con lo 0,04% e il metano con lo 0,0002%.

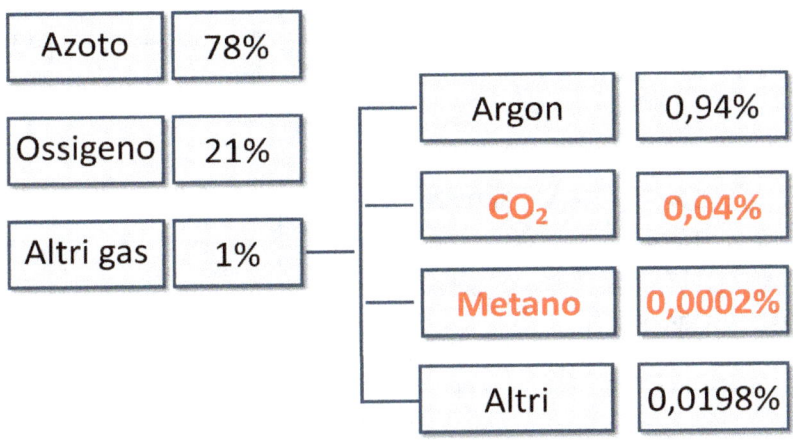

Figura 3.1. Composizione chimica dell'atmosfera. In evidenza il contributo dell'anidride carbonica e del metano.

Poiché anidride carbonica e metano presenti in concentrazioni trascurabili (non a caso sono identificati con il termine *"tracce"*), invece delle percentuali che rendono l'idea nella loro cruda realtà, si preferisce usare altre unità di misura che danno l'impressione di valori più elevati, ossia parti per milione per la CO_2 (ppm) e parti per miliardo (ppb) per il metano.

Dire che la CO_2 è presente in atmosfera a 420ppm ha un impatto maggiore che indicare lo 0,04%, così come dire che il metano misura 2.000ppb colpisce più dello 0,0002%. L'impatto emotivo sull'opinione pubblica, spesso superficiale, è ben diverso.

Radiazioni solari

Le radiazioni solari sono generalmente classificate in tre gruppi: raggi ultravioletti, raggi visibili (luce) e raggi invisibili (infrarossi).

La luce visibile rappresenta il 52% del totale, ed è quella che ci permette di vedere, mentre i raggi infrarossi (44% del totale) producono calore. Il restante 4% e costituito dai raggi ultravioletti (UV).

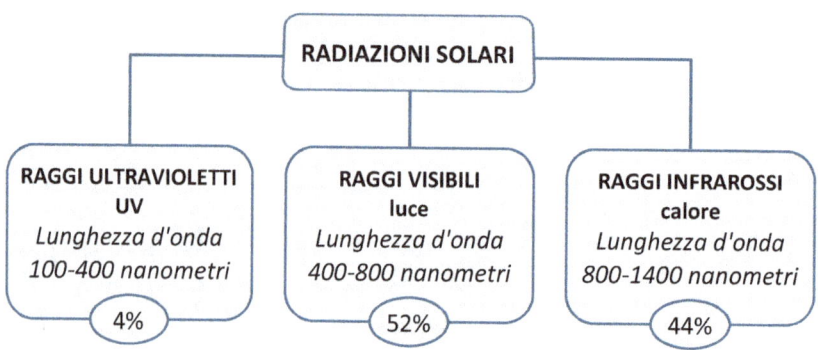

Figura 3.2. Schema radiazioni solari.

La luce e il calore non sono tra loro strettamente collegati, mentre l'intensità della luce non cambia col variare delle stagioni (cambia solo la durata), la quantità di calore trasportata dai raggi infrarossi varia nel passaggio da una stagione all'altra.

Le radiazioni ultraviolette (UV) sono invece costanti, raggiungono la massima intensità durante le ore diurne tra le 11 e le 15 e sono attenuate dalla nuvolosità. Il grado di attenuazione dipende dallo spessore delle nubi, si passa da un 5/10% nel caso di una leggera copertura a un 30/70% in presenza di nubi dense e cariche di pioggia.

Anche l'altitudine e la latitudine svolgono un ruolo importante. In montagna l'atmosfera è più rarefatta e, di conseguenza, i raggi UV sono meno filtrati. L'indice UV, in questo caso, aumenta di circa il dieci per cento ogni mille metri. Le aree geografiche vicine all'equatore sono maggiormente esposte ai raggi ultravioletti, la cui intensità è fino a mille volte superiore di quella che si registra in prossimità dei Poli.

Il riverbero del suolo è un altro fattore rilevante: la neve può riflettere fino all'80% dei raggi UV. Per questo motivo, gli sciatori devono proteggere la vista, poiché l'effetto combinato di altitudine e riflessione può causare danni gravi agli occhi.

Ozono

L'ozono è una forma particolare di ossigeno formata da tre atomi (O_3), invece di due (O_2). Si forma negli strati alti dell'atmosfera, principalmente nella stratosfera, tra i 15 e i 30 chilometri.

La formazione dell'ozono avviene quando nella stratosfera le radiazioni solari con lunghezza d'onda compresa fra 240 e 340 nanometri o scariche elettriche (fulmini) colpiscono le molecole di ossigeno, scindendole attraverso una reazione di fotolisi.

A loro volta, i singoli atomi di ossigeno, essendo estremamente reattivi, si combinano velocemente con altre molecole di ossigeno formando ossigeno triatomico (O_3) chiamato *Ozono*.

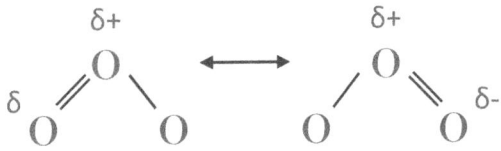

Figura 3.3. Forme limite di risonanza dell'Ozono.

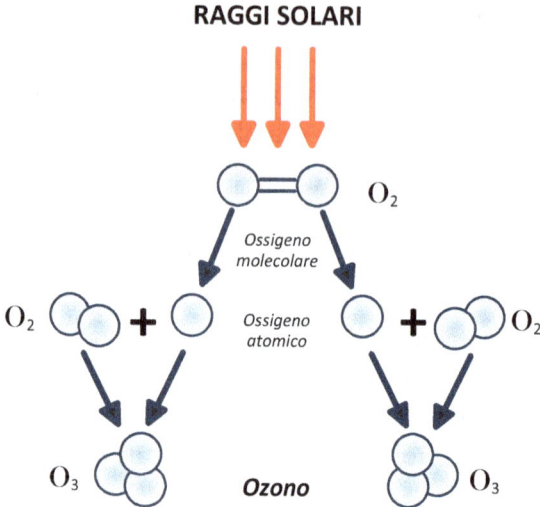

Figura 3.4. *Schema di formazione dell'Ozono.*

L'ozono è una molecola fondamentale per la vita sulla Terra, perché assorbe la quasi totalità dei raggi ultravioletti (il 5% dei raggi UV-A, il 95% dei raggi UV-B e il totale dei raggi UV-C) che altrimenti sarebbero letali per gli esseri viventi. La parte che supera il filtro dell'ozono è per noi indispensabile per stimolare la produzione sulla nostra pelle della vitamina D.

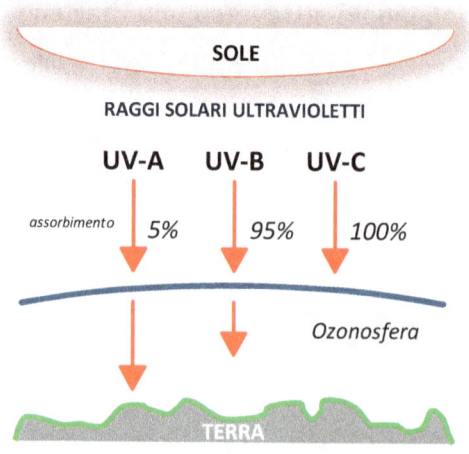

Figura 3.5. *Assorbimento delle radiazioni ultraviolette.*

L'ozono si forma in concentrazioni rilevanti in corrispondenza della zona equatoriale, dove i raggi solari arrivano perpendicolarmente e l'irraggiamento è più intenso. Da qui l'Ozono, spinto dai venti stratosferici, si propaga verso i Poli dove si stratifica maggiormente.

Durante il suo percorso, l'ozono si disperde più o meno uniformemente attorno al globo, formando una fascia protettiva nei confronti delle radiazioni ultraviolette del Sole detta *Ozonosfera* dello spessore di 3 mm, corrispondenti a 300 unità Dobson[2].

Tale spessore, soprattutto sopra l'Antartide, varia periodicamente in base alle stagioni e al ciclo solare. Tende infatti ad aumentare nei mesi estivi, quando l'irraggiamento solare è più forte, e a diminuire nelle stagioni invernali.

Esiste anche un ozono inquinante, prodotto da attività industriali e veicoli, che si accumula negli strati bassi dell'atmosfera, risultando dannoso per la salute umana.

Buco dell'ozono

A partire dagli anni Settanta si scoprì che alcune sostanze inquinanti, in particolare i clorofluorocarburi (CFC) — utilizzati in spray, refrigeratori e processi industriali — con la loro azione catalitica, distruggevano le molecole di ozono nella stratosfera.

---

(2) *L'unità di misura Dobson, pari a un millesimo di cm, indica l'altezza che avrebbe lo strato di ozono se fosse ridotto alla pressione di un'atmosfera.*

Questo fenomeno, che conosciamo come "*buco dell'ozono*" (la definizione più corretta sarebbe "*assottigliamento dello strato di ozono*" o "*riduzione della concentrazione di ozono*"), è prevalente nella regione antartica dove avvengono meno reazioni fotochimiche a causa del minore irraggiamento solare e delle basse temperature che facilitano la degradazione delle molecole di ozono.

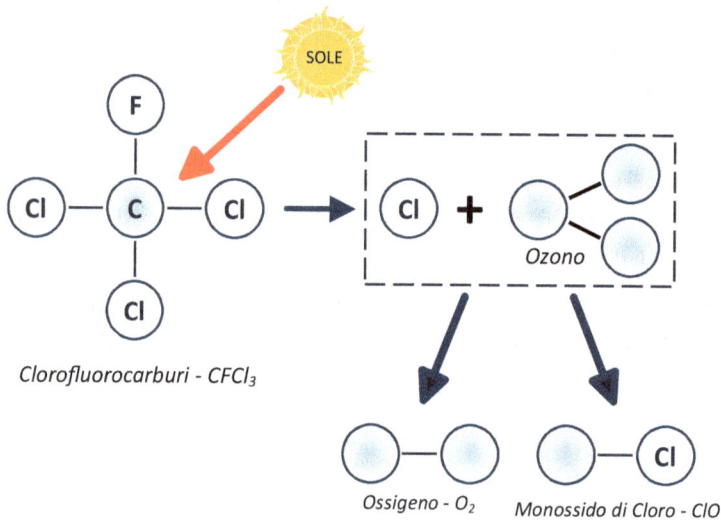

Figura 3.6. *Schema sintetico del processo di degradazione dell'ozono atmosferico.*

Vediamo ora con maggior dettaglio le reazioni che portano alla disgregazione dell'ozono da parte delle molecole gassose di CFC immesse nell'atmosfera. Possiamo identificare tre fasi:

- *La luce solare scompone una molecola di CFC (CCl3F), liberando un atomo di cloro;*

- *L'atomo di cloro collide con una molecola di ozono provocando la rottura dei sui legami e la successiva formazione ossigeno molecolare (O2) e monossido di cloro (ClO);*

- *Il monossido di cloro a sua volta si scontra con un atomo di ossigeno, dalla rottura del legame si formano ossigeno molecolare e cloro libero.*

Le ultime due reazioni si ripetono più volte, di conseguenza un singolo atomo di cloro è in grado di scomporre migliaia di molecole di ozono prima di perdere energia e disperdersi nell'atmosfera inferiore.

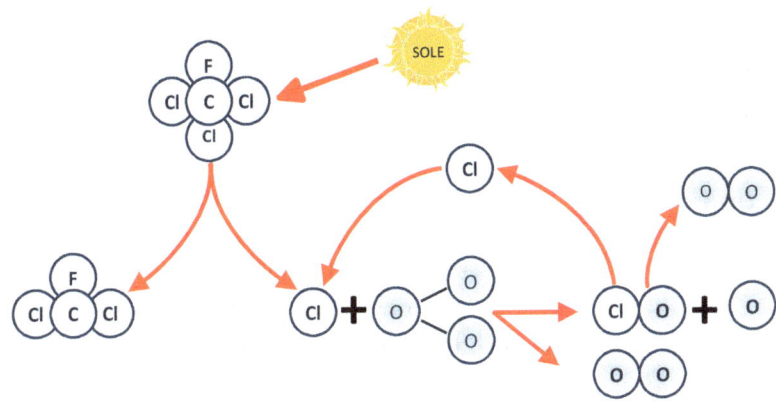

Figura 3.7. *Schema di scomposizione dell'ozono atmosferico.*

In teoria queste reazioni, che possono ripetersi fino a centomila volte, potrebbero portare alla scomparsa di tutto l'ozono presente in atmosfera. In realtà il ciclo s'interrompe quando la specie reattiva [˙Cl], che funge da catalizzatore, viene coinvolta in reazioni con altri gas. Fortunatamente il buco dell'ozono si sta chiudendo[3].

---

(3) Fonte: *Scientific-Assessment-of-Ozone-Depletion-2022-Executive-Summary.pdf (unep.org)*.

L'ONU prevede che:

«*Entro il 2045 il buco nello strato di Ozono sopra l'Artico si sarà completamente riformato, tornando ai livelli pre-1980*»

Non è ancora chiaro se questo importante obiettivo sia stato raggiunto grazie alla messa al bando dei clorofluorocarburi decretata dal Protocollo di Montreal del 1987 sottoscritto da 196 Stati e dall'Unione Europea, oppure per cause naturali. A parte questo, senza voler apparire presuntuosi, vorremmo esprimere le nostre perplessità riguardo la capacità dell'ozono atmosferico di bloccare buona parte delle radiazioni nocive.

Cosa dice la teoria e cosa ci detta la logica

La teoria dell'ozono che blocca i raggi UV non ci ha mai convinto del tutto. I nostri dubbi derivano dalla discrepanza esistente tra l'ampiezza del fenomeno e la quantità di molecole di ozono che ne sarebbero responsabili, considerato che l'Ozono è presente in atmosfera con un minuscolo 0,0008% (8ppmv). Una percentuale del tutto irrilevante.

OZONO

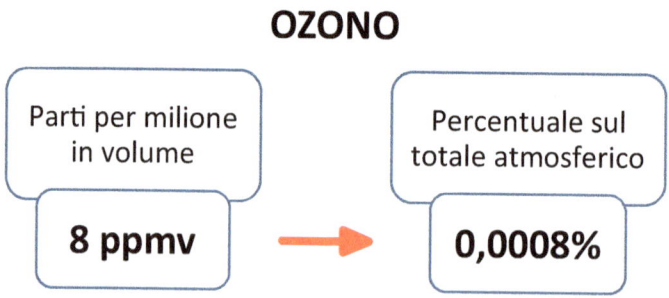

Figura 3.8. Percentuale atmosferica di ozono.

Le radiazioni solari ultraviolette, come tutte le forme di energia radiante, si diffondono in modo compatto (come la pioggia fitta), al contrario delle molecole gassose che, essendo dotate di elevata energia cinetica, non si dispongono ordinatamente come un esercito in battaglia, ma si muovono in modo caotico in tutte le direzioni, tendendo a occupare il massimo volume disponibile.

In questo modo tra le poche particelle di ozono presenti nella stratosfera si creano enormi spazi vuoti attraverso cui può passare indisturbata la pressoché totalità dei raggi solari.

Ci viene pertanto difficile accettare l'idea che una quantità così esigua di molecole di ozono, di dimensioni submicroscopiche (0,121 nm), per giunta disperse in uno spazio enorme come quello atmosferico (la circonferenza dell'ozonosfera a 30 chilometri dalla superficie terrestre è pari a circa 40.200 Km), sia in grado di bloccare totalmente le radiazioni solari nocive come fosse uno schermo protettivo che avvolge il globo. In realtà è tentare di fermare l'acqua con un retino.

La nostra ipotesi è che nel lungo tragitto tra il Sole e la Terra (152 milioni di km), le radiazioni solari perdono gradatamente d'intensità per giungere a noi stemperate e praticamente inoffensive.

Capitolo 4

I mezzi d'indagine

Com'è realmente cambiato il clima sulla Terra non lo sapremo mai con assoluta certezza. Possiamo tuttavia ipotizzarlo, interpretando i dati messi a disposizione dalla tecnologia e dal lavoro degli studiosi, che fin dai tempi dell'antica Grecia si sono occupati di scienza.

Geologia e Paleontologia sono due branchie delle scienze naturali che ci permettono di risalire, seppur con un elevato grado di approssimazione, alle profonde variazioni climatiche che sono avvenute sulla Terra durante i suoi 4,6 miliardi di anni.

Un salto di qualità nei mezzi d'indagine si ebbe con la Prima Rivoluzione Industriale, iniziata nel 1760 con l'invenzione della macchina a vapore e l'introduzione di nuove tecnologie nei settori tessile e metallurgico. In quel periodo vennero ideati i primi strumenti per la misurazione dei principali parametri climatici, come temperatura, pressione e umidità, che fornirono impulso alla nascita di una nuova disciplina: la *climatologia*.

Parallelamente, gli studiosi iniziarono a sviluppare tecniche per risalire alle condizioni climatiche delle epoche passate, analizzando sedimenti, rocce, anelli di accrescimento degli alberi e carote di ghiaccio, che confluirono nei cosiddetti archivi paleoclimatici. Questi indicatori climatici, detti anche *proxy*, registrano e conservano le condizioni chimico-fisiche e biologiche al momento della loro formazione, offrendo agli scienziati informazioni preziose

Fu proprio grazie a queste ricerche che si giunse, con enorme stupore, alla scoperta dell'esistenza delle *Ere Glaciali*.

Attraverso l'elaborazione dei dati così raccolti, integrati con conoscenze astrofisiche, vulcanologiche e geotettoniche, è stato possibile ricostruire la storia del clima e della composizione atmosferica della Terra fino a centinaia di migliaia di anni fa, individuando anche le possibili cause delle trasformazioni climatiche più recenti.

L'ossigeno degli oceani

Lo studio del rapporto tra isotopi di ossigeno presenti negli oceani costituisce uno degli strumenti principali per la ricostruzione climatica.

Per chi non ha familiarità con la chimica: gli isotopi sono atomi dello stesso elemento che si differenziano per il numero di neutroni. In sostanza, hanno lo stesso numero atomico (cioè lo stesso numero di protoni) ma un numero di massa differente, e quindi "*pesano*" di più.

L'ossigeno ha numero atomico 8 ed è presente in tre forme stabili: isotopo 16 (8 neutroni), isotopo 17 (9 neutroni) e isotopo 18, (10 neutroni). Quelli che a noi interessano sono l'O16 e l'O18.

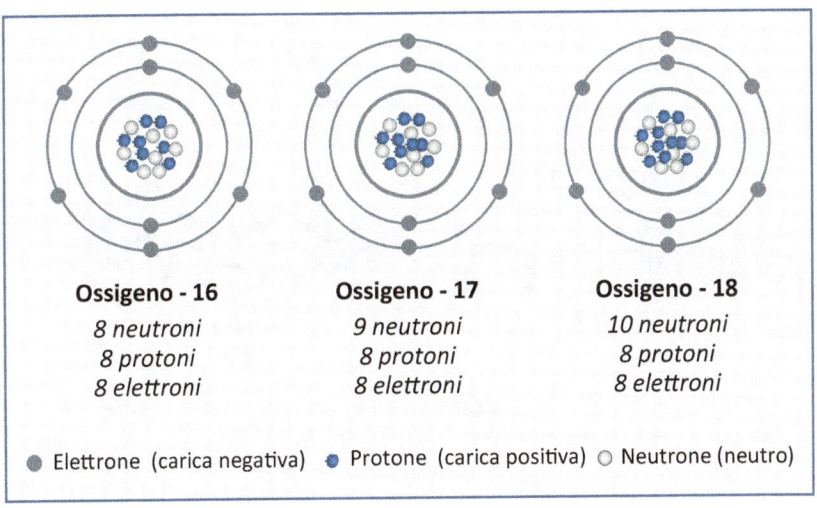

Ossigeno - 16
8 neutroni
8 protoni
8 elettroni

Ossigeno - 17
9 neutroni
8 protoni
8 elettroni

Ossigeno - 18
10 neutroni
8 protoni
8 elettroni

● Elettrone (carica negativa)   ● Protone (carica positiva)   ○ Neutrone (neutro)

Figura 4.1. Gli isotopi dell'ossigeno.

Attraverso l'analisi dei sedimenti prelevati dagli strati profondi dei fondali marini, gli studiosi sono stati in grado di distinguere i periodi glaciali da quelli interglaciali e di andare indietro nel tempo fino a diversi milioni di anni.

Il criterio di analisi si basa sulla maggiore facilità di evaporazione dell'isotopo O16 rispetto all'O18 che, essendo più pesante a causa del numero maggiore di neutroni, evapora con maggiore difficoltà.

Questo fa sì che durante le fasi calde l'ossigeno 16 disciolto nelle acque marine evapori in misura proporzionalmente maggiore dell'ossigeno 18 e si diffonda in atmosfera per poi, con le precipitazioni nevose, ricadere ai Poli dove rimane intrappolato nei ghiacci polari.

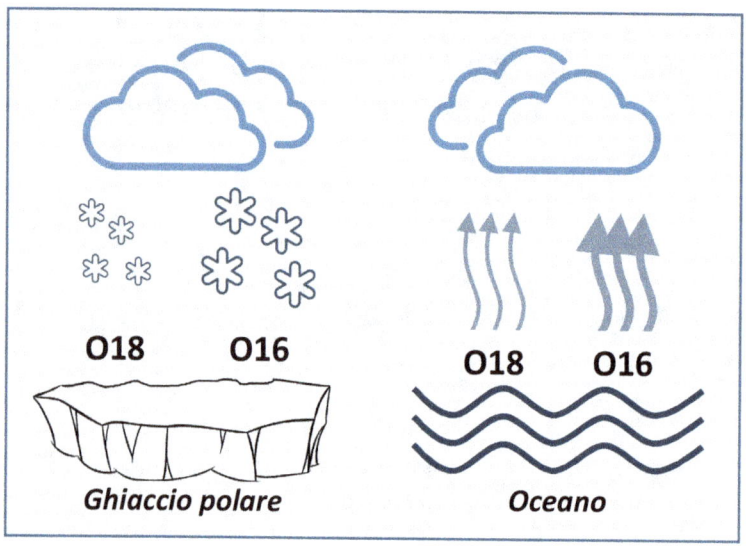

Figura 4.2. *Durante i periodi caldi (interglaciali), grazie al suo minor "peso", l'isotopo 16 evapora più facilmente dell'isotopo 18 e, di conseguenza, ricade ai poli in proporzione maggiore, dove rimane imprigionato nei ghiacci.*

Lo studio dei rapporti isotopici dell'ossigeno avviene attraverso l'analisi dei gusci dei *foraminiferi*, microscopici fossili oceanici apparsi circa 500miloni di anni fa (e tutt'ora presenti), che si depositano sui fondali marini dove formano spessi strati di sedimenti calcarei.

Grazie a questi organismi, gli studiosi hanno potuto risalire alla concentrazione dei due isotopi di ossigeno e, di conseguenza, alla temperatura media del periodo preso in esame, confermando lo stretto legame esistente fra riscaldamento globale e ciclo del carbonio e dell'ossigeno.

Un importante contributo in tal senso è venuto da Cesare Emiliani, geologo e micropaleontologo, che nel 1955 pubblicò i risultati di uno studio sulle temperature del Pleistocene, ottenuti dall'analisi della composizione chimica dei gusci di foraminiferi planctonici ricavati dalla profondità dei fondali marini sfruttando le perforazioni petrolifere.

I cilindri di roccia calcarea così ottenuti, prelevati a diverse profondità che corrispondono a diversi tempi geologici, hanno permesso allo scienziato italiano di confermare la tesi dell'alternanza ciclica delle fasi calde interglaciali e delle fasi fredde glaciali, e di rilevare le temperature dei periodi corrispondenti.

Più recentemente, tra il 1995 e il 2006, attraverso i carotaggi antartici del progetto EPICA (lo vedremo più avanti) sono state ricostruite con un ottimo livello di dettaglio le variazioni di temperatura degli ultimi 800mila anni.

Carote di ghiaccio polare

I ghiacciai Artici e Antartici, insieme alle altre superfici ghiacciate che costituiscono la Criosfera, concorrono a determinare il clima terrestre attraverso la loro proprietà di assorbimento e di riflessione delle radiazioni solari. Sono anche i depositari della memora storica delle variazioni climatiche avvenute nel passato.

Nelle regioni polari, le precipitazioni nevose schiacciano e compattano gli strati sottostanti di neve trasformandola in ghiaccio, che rimane inalterato per millenni.

Con le perforazioni (carotaggi) si ottengono dei cilindri di 6-12 centimetri di diametro, chiamati *"carote"*, che possono essere estratti a differenti profondità e raggiungere lunghezze anche di centinaia di metri.

All'interno di questi campioni di ghiaccio è racchiusa l'atmosfera dei tempi passati. Negli spazi vuoti tra le molecole di acqua allo stato solido rimangono intrappolate delle minuscole bolle di aria la cui composizione riflette il clima del momento: una vera e propria miniera d'informazioni. E più si va in profondità nei ghiacci e più si va indietro nella memoria.

Dalla loro analisi si ottengono importati informazioni, quali la concentrazione dei vari gas che componevano l'atmosfera, eventuale presenza di isotopi radioattivi, tracce di eruzioni vulcaniche e tanto altro che permettono di comprendere le dinamiche a cui l'atmosfera è soggetta.

Grazie alle perforazioni effettuate in Groenlandia e in Antartide è stato possibile risalire alla temperatura media degli ultimi 800mila anni. Si è potuto anche accertare che i cicli glaciali-interglaciali, innescati dalle variazioni di insolazione dovute a cause astronomiche, si sono ripetuti a intervalli regolari, ogni 100/400mila anni per le glaciazioni e 5/40mila anni per le interglaciazioni. I parametri ottenuti sono utilizzati anche per analizzare l'attuale periodo interglaciale, iniziato circa 11.700 anni fa.

Oltre il limite di 800mila anni, la pressione esercitata dal peso degli strati sovrastanti rendono di difficile lettura i campioni per stabilire la data di formazione. Consentono comunque di ricostruire la linea di tendenza dei periodi precedenti.

La più antica carota di ghiaccio, è quella estratta da un gruppo di ricercatori della *Princeton University* in Antartide, che risale a circa due milioni di anni (studio pubblicato sulla rivista *Nature* del 30 ottobre 2019).

I risultati più importanti si sono ottenuti da due perforazioni in Antartide effettuate, a partire dagli anni '90, nell'ambito del programma scientifico denominato EPICA (*European Project for Ice Coring in Antarctica*), promosso dall'*European Science Foundation* e finanziato dall'Unione Europea.

Nel 2004 è terminata la prima perforazione antartica presso la "*Stazione Concordia*" che ha raggiunto la profondità di 3270 metri, mentre i carotaggi della "*Stazione Kohnen*", terminati nel 2006, hanno raggiunto la profondità di 2774 metri. In entrambi i casi, le perforazioni sono giunte al limite del substrato roccioso. I risultati ottenuti hanno permesso di ampliare notevolmente il ventaglio di conoscenze fin qui acquisite.

Riportiamo un estratto della relazione del Comitato Glaciologico Italiano/Regione Lombardia dal titolo "*Clima e Ghiacciai*"[1]:

«*La temperatura media annua in Antartide, rispetto al valore attuale, è stata fino a 5 °C più calda (negli interglaciali) e fino a 10 °C più fredda (nei periodi glaciali). Intorno a 420 mila anni fa si è prodotto un improvviso aumento dell'ampiezza dei cicli: gli ultimi 5 interglaciali sono stati più caldi dei precedenti. Ad ogni variazione della temperatura si è accompagnata una variazione, nello stesso senso, della concentrazione dei gas che producono l'effetto serra, che hanno quindi svolto un ruolo di amplificazione nei cambiamenti climatici*»

---

(1) Fonte: *http://www.orobievive.net/conoscere/ghiacciairegionelombardia.pdf*

Vi è quindi una correlazione diretta, peraltro facilmente intuibile, tra aumento della temperatura e incremento della concentrazione di gas serra, in quanto l'innalzamento della temperatura degli oceani favorisce l'evaporazione dei gas disciolti e delle sostanze che possiedono una elevata *tensione di vapore* (tendenza di un liquido a evaporare) come l'acqua (H_2O), il metano idrato (CH_4), l'anidride carbonica (CO_2), il protossido di azoto (N_2O) e l'ossigeno (O_2) i quali, una volta liberati in atmosfera, amplificano l'effetto serra facendo aumentare ulteriormente le temperature.

Anche le impurità presenti in atmosfera possono essere intrappolate nei ghiacci perenni, in tal caso si parla di *Morene Glaciali.*

Le *Varve* sono invece materiali che si stratificano sul fondo dei laghi alimentati dalle acque di scioglimento dei ghiacciai (laghi glaciali). Si differenziano nel colore (chiaro o scuro) che indica la stagione in cui si sono formati: il sedimento chiaro corrisponde al deposito estivo, quello scuro a quello invernale. Una coppia corrisponde a un anno. Lo spessore delle Varve è in relazione alla temperatura di scioglimento del ghiacciaio: annate calde spessore maggiore, annate fredde spessore minore. In questo modo è possibile risalire all'età del ghiacciaio da cui provengono le acque e stabilire approssimativamente le variazioni di temperatura.

Dendroclimatologia

Gli alberi secolari rappresentano una fonte importante d'informazioni, nei suoi anelli sono infatti registrate le variazioni climatiche che hanno condizionato, anno dopo anno, la sua crescita.

Attraverso la *"Dendroclimatologia"*, una scienza recente che studia le modalità di crescita delle piante arboree e la relazione con l'ambiente in cui si sono sviluppate, è stato possibile ricostruire il clima del passato, pur con tutte le limitazioni che vedremo alla fine di questo paragrafo.

Il sistema di analisi degli anelli di accrescimento degli alberi fu ideato nel 1906 da Andrew Ellicot Douglass, un astronomo e archeologo statunitense convinto che vi fosse una connessione tra le variazioni dell'ampiezza, spessore e densità degli anelli degli alberi, l'attività delle macchie solari e il clima terrestre. In realtà il primo ad osservare ed intuire il funzionamento degli anelli degli alberi fu il nostro Leonardo da Vinci.

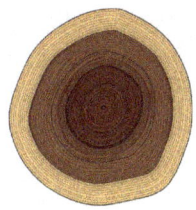

Figura 4.3. *Le caratteristiche dei circuiti annuali di crescita fanno degli alberi un importante indicatore climatico naturale.*

Durante la stagione di crescita (nei climi temperati, in primavera e in estate) ogni albero aggiunge uno strato di legno circolare distinto da quello dell'anno precedente.

Sulla base delle caratteristiche chimico-fisiche di ogni anello è possibile risalire alle condizioni climatiche, temperatura e piovosità, dell'anno in cui si è formato. Questo permette di datare le variazioni climatiche cui è stato soggetto l'albero nel corso della sua vita.

Lo spessore, la densità e la composizione chimica di ogni singolo anello sono direttamente influenzati da fattori climatici. Misurando tali valori e trasferendoli su una scala grafica, è possibile tracciare per ogni albero la sua *"Curva Dendrocronologica"*. Mettendo in relazione curve di alberi diversi e cresciuti in tempi successivi, si ottiene una *"Curva Master"* che proietta nel passato la nostra conoscenza del clima.

Un albero che sul suolo italiano si presta bene a questa metodologia d'indagine è il Faggio Selvatico (Fagus Sylvatica). Una specie arborea di grandi dimensioni che può vivere fino a 500 anni e raggiungere i quaranta metri di altezza e più di un metro di diametro. La sua diffusione spontanea lungo tutta la catena appenninica e sulle Alpi orientali, adattandosi alle diverse altitudini, permette di ottenere delle aree di analisi distribuite su una buona parte del territorio italiano.

La Dendroclimatologia, quale strumento di analisi dei cambiamenti climatici, ha tuttavia delle grosse limitazioni. Il primo limite riguarda il carattere locale e individuale degli alberi, come la natura del terreno dove affondano le loro radici, sabbioso oppure argilloso, e la conseguente diversa disponibilità di elementi minerali e di acqua che condizionano la struttura e la composizione degli anelli di accrescimento. Pertanto il loro utilizzo come indicatore delle variazioni climatiche a livello generale ci lascia alquanto perplessi.

Il secondo limite riguarda il periodo invernale durante il quale le piante sono nella fase di riposo vegetativo, viene quindi a mancare una parte consistente della storia dell'albero.

La terza importante limitazione attiene alla fascia equatoriale dove, non essendoci una netta distinzione tra stagioni, gli alberi non presentano variazioni significative nei loro scarni anelli di accrescimento.

Va inoltre considerato che gli alberi crescono sulla terra ferma e non sugli oceani che ricoprono il 71% della superficie terrestre, pertanto la dendroclimatologia, limitata a uno scarso 30% della superficie terrestre, non può essere rappresentativa delle variazioni climatiche globali avvenute nel passato.

In ultimo, non per importanza, va considerato il cosiddetto "Problema della Divergenza". A partire dagli anni '50 dello scorso secolo sono state rilevate delle forti discordanze tra le deduzioni degli anelli di crescita e le rilevazioni climatiche strumentali. La tendenza all'aumento della temperatura non ha trovato, infatti, alcun riscontro nella composizione degli anelli di crescita dal 1950 a oggi[2].

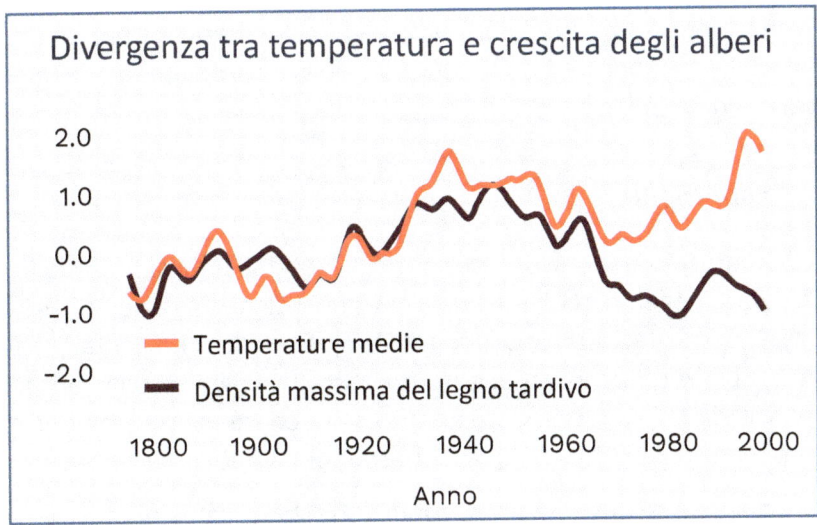

Figura 4.4. *Divergenza tra crescita degli alberi e temperatura a partire dagli anni '60 del Novecento. Fonte: elaborazione e traduzione da NOAA.*

Come si può notare, le temperature dedotte in base agli anelli di accrescimento degli alberi fino al 1960 combaciavano con le temperature misurate dai termometri, successivamente le due curve hanno cominciato divergere.

Lo stesso problema si è presentato analizzando il *Periodo Caldo Romano* dove è stata riscontrata una netta diminuzione del tasso di crescita degli anelli che farebbe credere a una diminuzione delle temperature, quando invece è avvenuto l'esatto contrario.

_____

(2) *I dati dendrologici sono disponibili nel sito dell'Agenzia Federale Statunitense* *National Oceanic and Atmospheric Administration NOAA-NCDC.*

In conclusione: il ricorso alla dendrocronologia per ricostruire i climi del passato andrebbe fatto con molta prudenza, cosa che purtroppo non avviene. L'utilizzo disinvolto di questa disciplina porta a mettere pesantemente in discussione, fino ad inficiarli, i modelli matematici di previsione climatica elaborati dai fautori dell'*Anthropogenic Global Warming* (AGW).

Palinologia

Importanti indicazioni sono ricavate dall'analisi dei pollini ritrovati nelle rocce e dei ghiacci antichi. Grazie al loro rivestimento fatto di *Sporopollenina*, una macromolecola tra le più stabili e resistenti presenti in natura, i pollini trasportati dai venti e dalle piogge si conservano nei sedimenti per milioni di anni, consentendo di risalire ai passaggi climatici del passato.

Ogni pianta vive in una condizione ben determinata, e la sua crescita e diffusione sono legate alle variazioni climatiche del suo habitat. La prevalenza nella stessa area di una specie vegetale che predilige le basse temperature rispetto a quella che si sviluppa maggiormente con valori più elevati o viceversa, ci danno preziose informazioni di come il clima sia variato in quei luoghi nel corso degli anni.

La Palinologia è una branchia della Paleobotanica, una disciplina scientifica che studia le piante fossili presenti dei sedimenti, che oltre a contribuire alla ricostruzione delle variazioni climatiche del passato, ci permette di conoscere condizioni di vita del mondo animale (e, quindi, anche dell'uomo, se presente nel periodo in esame), poiché le piante costituiscono la base di partenza della catena alimentare.

Osservatorio di Mauna Loa

A dicembre del 2023 la concentrazione media globale della CO_2 in atmosfera ha raggiunto il valore record di 421,86 ppm. il 50% più alto rispetto ai livelli del periodo preindustriale (1850-1900).

Le rilevazioni sono eseguite dall'agenzia governativa statunitense NOAA attraverso l'osservatorio di *Mauna Loa* alle isole Hawaii, che dal 1958 registra giornalmente la concentrazione di anidride carbonica in atmosfera.

L'osservatorio è posto a circa 800 metri sotto alla cima dell'omonimo vulcano, ad un'altitudine di 3.400 metri. La scelta di questo sito, individuato dal geochimico statunitense Charles David Keeling, autore del famoso grafico che porta il suo nome, non è casuale. Innanzi tutto per via della sua posizione nel centro dell'Oceano Pacifico che lo rende un luogo poco influenzato dalle attività umane, poi l'assenza di alberi sulla sommità del vulcano, infine le correnti atmosferiche che spirando dall'alto verso il mare riducono l'interferenza della vegetazione dell'isola. L'unico problema è rappresentato dalle emissioni di CO_2 prodotte dall'attività del vulcano stesso. Problema risolto attraverso un correttivo introdotto nel programma di elaborazione.

È tuttavia difficile ritenere le rilevazioni del sito di Mauna Loa, che si trova a sud del Tropico del Cancro a quattro mila chilometri dall'Equatore, siano rappresentative delle emissioni di anidride carbonica a livello globale, in quanto non può tenere conto dell'enorme differenza esistente tra l'emisfero settentrionale, dove è massima l'industrializzazione, e quindi massime le emissioni di CO_2, e quello settentrionale dove la presenza manifatturiera è molto ridotta, considerato inoltre che le atmosfere dell'emisfero Boreale e di quello Australe si mescolano poco e solo nel punto di frizione in prossimità dell'equatore.

Capitolo 5

Le principali cause dei cambiamenti climatici

Sono tanti e diversi i fattori che regolano i cambiamenti climatici, non a caso la climatologia è la materia interdisciplinare per eccellenza. Il suo studio comprende un arco di materie molto ampio, si va dalla meteorologia all'astrofisica, dalla biologia alla paleontologia, dalla chimica alla fisica.

Tutti questi campi concorrono alla conoscenza del clima che, per quanto concerne le cause delle sue variazioni, le possiamo riassumere con lo schema seguente.

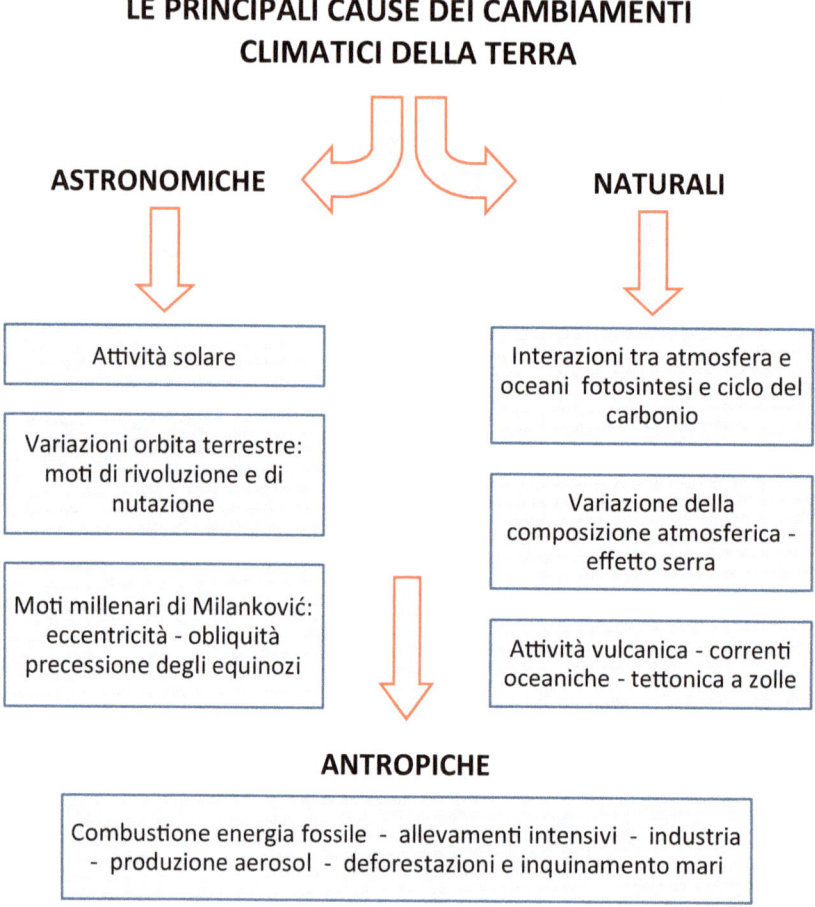

Figura 5.1. Schema delle principali cause delle variazioni climatiche.

Capitolo 6

Le cause astronomiche dei cambiamenti climatici

om'è noto, le variazioni di temperatura che si registrano nel passaggio da una stagione all'altra dipendono dalla diversa inclinazione dell'asse terrestre e dalla conseguente esposizione ai raggi solari.

Ma vi sono anche altri fattori di natura astrofisica che influenzano il clima terrestre su scala molto più ampia, con una cadenza ciclica di decine di migliaia di anni, e i cui effetti più evidenti si manifestano nell'alternanza tra l'espansione e la riduzione delle calotte glaciali.

LE CAUSE ASTRONOMICHE
DEI CAMBIAMENTI CLIMATICI

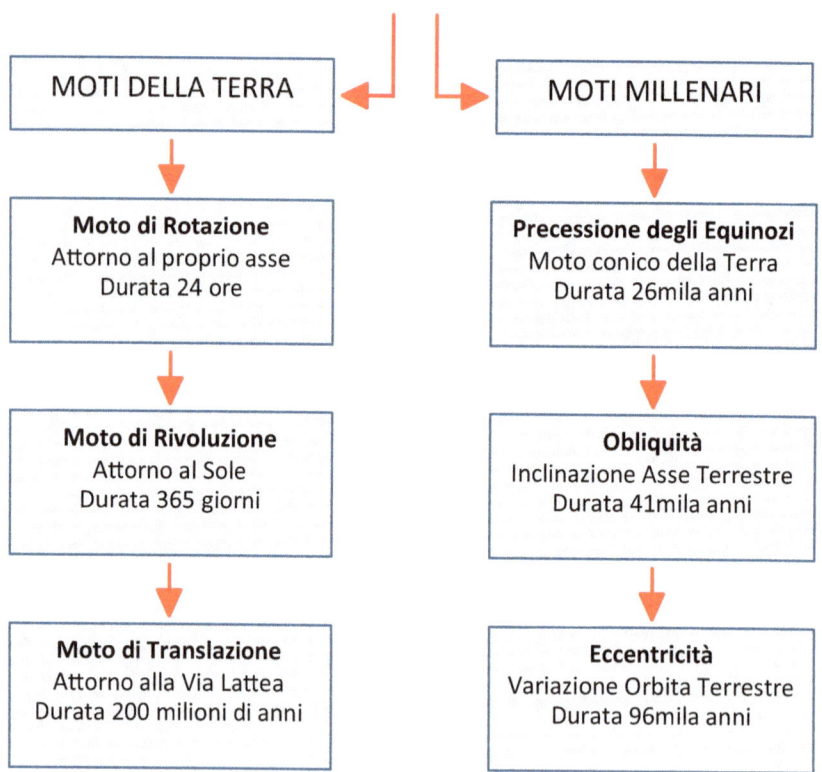

Figura 6.1. Schema cause astronomiche dei cambiamenti climatici.

A ciascuna di queste fasi corrisponde una condizione climatica distinta, che può essere più calda o più fredda.

Si tratta di cicli che si ripetono regolarmente nel tempo: alcuni a breve termine, come il giorno e la notte o le stagioni, altri su scale temporali molto più lunghe, ma sempre con dinamiche e caratteristiche ben definite.

Il sistema Solare

Il Sistema Solare si trova all'interno della Via lattea, una grande Galassia dove si contano dai 100 ai 400 miliardi di Stelle. La Via Lattea, a sua volta, è parte di una delle duemila miliardi di Galassie che compongono l'Universo (finito o infinito?). È costituito da otto Pianeti, tra cui la Terra, che ruotano su sé stessi e attorno al Sole descrivendo orbite ellittiche.

Nel Sistema Solare si trova anche un numero imprecisato di *Asteroidi*, *Comete*, *Stelle* e altri corpi celesti di varia composizione e dimensioni. Tuttavia, la maggior parte del Sistema solare è composto da spazio vuoto.

Come i Pianeti ruotano attorno al Sole, allo stesso modo l'intero Sistema Solare ruota attorno al centro galattico – definito il *Grande Buco Nero* e chiamato *Sagittarius A* - ad una velocità di 220/320 chilometri al secondo e impiegando circa 250 milioni di anni per descrivere un'orbita completa attorno al centro galattico.

Le Stelle sono dei corpi celesti molto lontani dalla Terra. A differenza dei Pianeti e della Luna che riflettono la luce ricevuta dal Sole, le Stelle brillano di luce propria essendo formati di Plasma, un gas ionizzato formato da elettroni e ioni, considerato il quarto stato della materia (gli altri tre sono: solido, liquido e gassoso). Dopo il Sole i corpi celesti più grandi del Sistema Solare sono i Pianeti, divisi in due grandi categorie: i *Pianeti Terrestri* (o Interni) e i *Pianeti Giganti* (o Esterni).

I Pianeti Interni, quelli più vicini al Sole, sono Mercurio, Venere, la Terra e Marte, mentre i Pianeti Esterni che si trovano a grande distanza dal Sole sono: Giove, Saturno, Urano e Nettuno. Manca Plutone che nel 2006 è stato declassato a *Pianeta Nano* dall'Unione Astronomica Internazionale, perché ritenuto troppo piccolo.

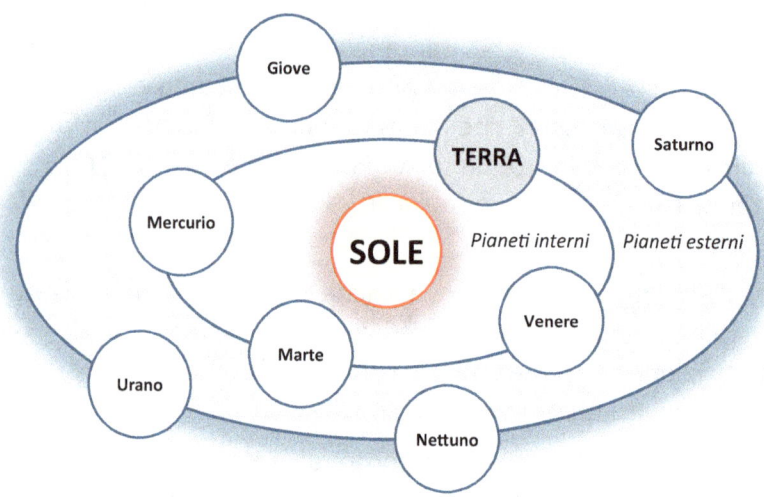

Figura 6.2. *Il Sistema Solare.*

Le *Lune* sono i satelliti naturali dei Pianeti e di alcuni Asteroidi di grandi dimensioni. Non emettono luce propria, ma riflettono quella del Sole. Ad eccezione della nostra Luna e quella di Giove, le Lune sono tutte ricoperte da uno spesso strato ghiacciato.

Nel Sistema Solare, secondo l'Unione Astronomica Internazionale, ci sono almeno 230 Lune (290 secondo la NASA). Chi ne ha di meno sono la Terra, che come sappiamo ne ha solo una, Marte due, Nettuno tredici e Urano ventisette. Il maggior numero di satelliti naturali appartiene a Giove (79) e Saturano (82). Mercurio e Venere invece ne sono privi.

Poi abbiamo gli *Asteroidi*, frammenti prevalentemente rocciosi di dimensioni variabili (da pochi centimetri a decine di chilometri) e forma irregolare, concentrati in gran parte in una fascia situata tra Marte e Giove.

Le *Comete* sono invece dei corpi evanescenti di varie dimensioni, formati da polveri e ghiaccio in cui sono imprigionati vari gas, principalmente metano, ammoniaca e anidride carbonica. Ruotano attorno al Sole descrivendo lunghissime orbite. Ad ogni passaggio, avvicinandosi al Sole, le Comete perdono parte del loro materiale per sublimazione, formando le caratteristiche chiome che possono estendersi nello spazio da migliaia a milioni di chilometri e diventare visibili dalla Terra. Fino a quando non si esauriscono.

Nello spazio Interplanetario, Asteroidi e Comete possono scontrarsi tra loro o con altri corpi minori riducendosi in frammenti di piccole dimensioni (da pochi centimetri a un metro di diametro) chiamati *Meteoroidi*.

Quando incrociano l'orbita della Terra, nell'attraversare a forte velocità l'atmosfera (fino a 300mila chilometri l'ora), si surriscaldano incendiandosi completamente e dando origine alle *Meteore* e lasciando dietro di sé una scia luminosa, le cosiddette "*Stelle cadenti*".

A volte alcuni frammenti di Meteora riescono a toccare terra, in tal caso prendono il nome di *Meteoriti*. Nel corso della formazione della Terra, Meteoriti di grandi dimensioni si sono infrante sulla superficie terrestre, causando sconvolgimenti climatici e provocando estinzioni di massa di intere specie animali. Dal loro studio abbiamo ricavato importantissime informazioni sulla genesi del nostro Pianeta.

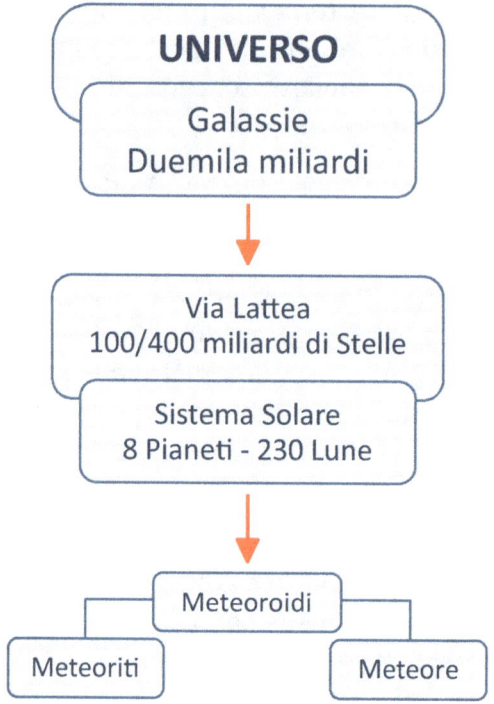

Figura 6.3. *Schema della composizione dell'Universo.*

I moti planetari

Come tutti i Pianeti del Sistema Solare, anche la Terra ruota su sé stessa e attorno al Sole.

Nel *Moto di Rotazione* la Terra gira intorno al suo asse in senso antiorario, ossia da ovest verso est (per questo motivo il Sole lo vediamo sorgere a Est e tramontare a ovest) ad una velocità misurata all'equatore di circa 1.700 km all'ora. A questa velocità la Terra impiega circa 24 ore a compiere un intero giro su sé stessa (per essere precisi: 23 ore, 56 minuti e 4 secondi).

Come detto, tutti i Pianeti ruotano attorno al proprio asse, ma a differenti velocità. Venere è il più lento, il suo giorno dura

243 dei nostri giorni, mentre Giove solo 10 ore. La differenza di velocità dipende da diversi fattori, i più importanti sono la vicinanza dal Sole e la massa del Pianeta. Anche il Sole ruota su sé stesso, ad una velocità di poco meno di 2 Km al secondo, impiegando circa 27 dei nostri giorni a compiere una completa rotazione.

Attorno al Sole, la Terra descrive un'orbita leggermente ellittica, il *Moto di Rivoluzione*, mantenendo una distanza media di circa 150 milioni di chilometri. La durata media di un'orbita, chiamata Anno Sidereo, è pari è 365 giorni, 6 ore, 9 minuti e 6 secondi ma, come vedremo, varia per via dei Moti Millenari della Terra. La velocità stimata è di 107.000 km/h.

Tra gli altri Pianeti, nel descrivere il loro Moto di Rivoluzione, il più veloce è Mercurio (88 giorni), mentre quello più lento è Nettuno (165 anni).

Il Moto di Rivoluzione interessa anche il Sole (che si porta dietro tutto il Sistema Solare) che percorre un'orbita ellittica attorno al centro della nostra galassia (la *Via Lattea*) alla velocità media di 250 km al secondo. Un giro completo del Sistema Solare dura 220/250 milioni di anni.

Una domanda che potremmo porci è: come mai non ci accorgiamo che la Terra ruota? La risposta è semplice: perché ci muoviamo anche noi con il Pianeta. Quando siamo in macchina, in aereo o in treno ci accorgiamo di muoverci solo guardando fuori da finestrino, altrimenti, a parte i sobbalzi e i cambi di direzione, è come se fossimo seduti sul divano di casa.

Grazie alle leggi di Keplero e alla legge della gravitazione universale di Newton, noi sappiamo che le variazioni dell'orbita terrestre sono causate principalmente dalla forza di gravità esercitata dal Sole sulla Terra in virtù della sua maggiore massa, 300mila volte più grande.

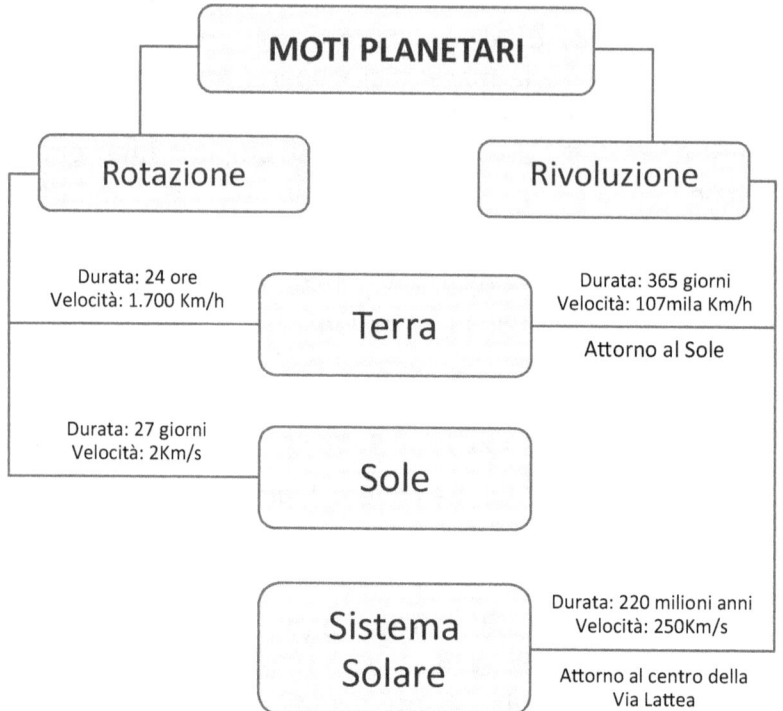

Figura 6.4. Schema dei Moti Planetari.

Ma non è l'unica, anche gli altri Pianeti sviluppano analoghe forze di attrazione gravitazionale che influenzano le nostre orbite, in particolare quelli più grandi come Giove, che ha una massa 318 volte superiore, o come Saturno la cui massa è 95 volte maggiore della nostra. Anche la Terra, a sua volta, in minima parte, attira a sé gli altri corpi celesti del Sistema Solare.

Questi diversi moti tra loro combinati determinano una graduale modifica dell'orbita terrestre, accentuando o riducendo la forma ellittica che la Terra descrive attorno al Sole e, di conseguenza, un diverso grado d'irraggiamento solare che è all'origine delle stagioni, il succedersi di equinozi e solstizi e la lunghezza delle giornate.

Se, al contrario, l'orbita terrestre fosse circolare, oppure se l'asse terrestre fosse perpendicolare al piano dell'eclittica, i raggi solari colpirebbero ogni parte del globo terrestre con la stessa inclinazione e intensità: non ci sarebbero le stagioni e il clima alle diverse latitudini sarebbe molto diverso e più marcato di quello attuale.

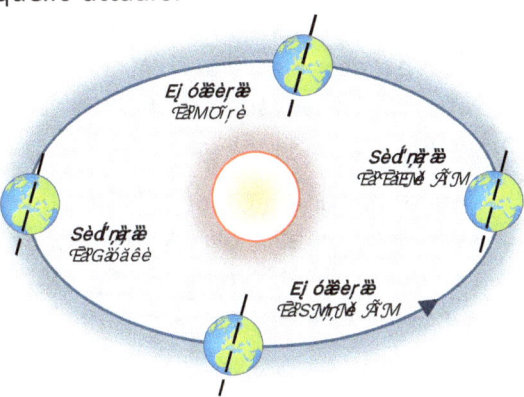

Figura 6.5. L'equinozio ("notte uguale" in latino) si verifica quando il Sole si trova sulla linea dell'Equatore e la durata del giorno e della notte è uguale (12 ore) in entrambi gli emisferi, segna l'inizio della primavera e dell'autunno. Il solstizio ("sole fermo" in latino) avviene quando il Sole è più vicino (o più lontano) da uno degli emisferi terrestri. Si verifica due volte l'anno, e segna l'inizio sia dell'estate che dell'inverno.

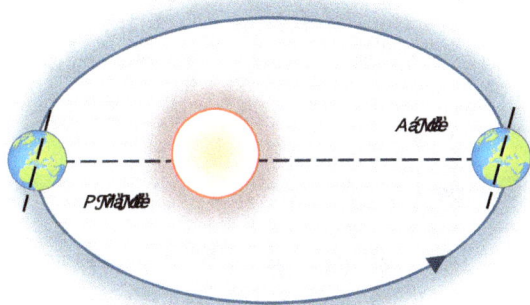

Figura 6.6. l'orbita descritta dalla terra attorno al sole (moto di rivoluzione) è un'ellisse di cui il Sole occupa uno dei fuochi. La distanza del pianeta dal Sole non è quindi sempre la stessa; il punto in cui il pianeta è più vicino al Sole è detto Perielio, il punto in cui è più distante Afelio.

I moti millenari e i cicli orbitali di Milanković

L'interazione delle forze gravitazionali esercitate da Pianeti con diverse masse, forme orbitali e velocità di rotazione, sono all'origine dei moti geometricamente imperfetti e soggetti a piccoli scostamenti della Terra, e di tutto ciò che ne consegue in termini di ciclicità climatica. Sono state studiate nei primi anni venti del Novecento da *Milutin Milanković*, il primo a ipotizzare lo stretto rapporto esistente tra i moti millenari e le variazioni climatiche.

Secondo la teoria astronomica di Milanković, le modifiche cicliche dei parametri orbitali della Terra hanno effetto sul clima producendo ogni 100/400mila anni profonde variazioni conosciute come *Periodi Glaciali*.

Nonostante la dipendenza del clima dai Moti Millenari sia un fatto accertato, da cui nessuno studio serio può prescindere, la teoria di Milanković è vista con fastidio dai sostenitori dell'origine antropica del cambiamento climatico perché ridimensiona pesantemente il ruolo dell'anidride carbonica.

Per inciso, la variazione climatica che stiamo osservando, che avviene dopo un periodo di relativa stabilità, altro non è che il preludio di una prossima glaciazione che inizierà a manifestarsi, presumibilmente, fra qualche migliaio o milione di anni.

Eccentricità dell'orbita terrestre

L'orbita della Terra attorno al Sole non è sempre uguale, ma si modifica periodicamente passando ogni 96 mila anni da una fase più circolare a una più ellittica. Il valore dell'eccentricità oscilla da zero (perfettamente circolare) a uno (perfettamente ellittica). Attualmente l'eccentricità dell'orbita terrestre è 0,0167, quindi leggermente ellittica.

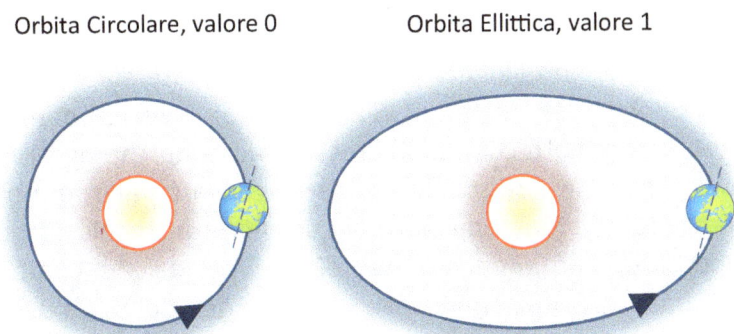

Orbita Circolare, valore 0   Orbita Ellittica, valore 1

Figura 6.7. *Raffigurazione dei due casi estremi: orbita circolare (valore zero) e orbita ellittica (valore uno).*

Inclinazione dell'asse terrestre

L'asse terrestre non è perfettamente perpendicolare al piano della sua orbita, ma sensibilmente inclinato. Questa inclinazione varia nel tempo, con una frequenza ciclica, tra i 21°,55" e 24°,20". Oggi l'inclinazione è calcolata in circa 23 gradi e 27 primi. Un intero ciclo della variazione dell'asse terrestre dura circa 41mila anni. Dall'inclinazione dell'asse Terrestre dipende l'insolazione delle diverse regioni del nostro Pianeta.

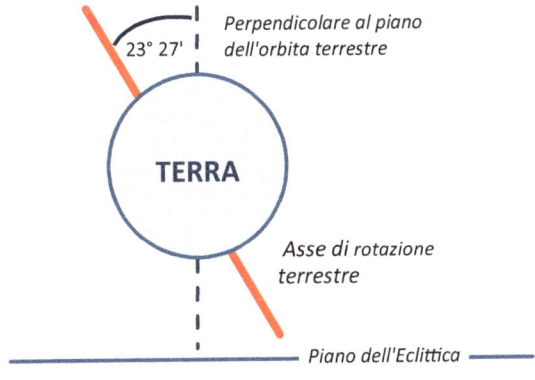

Figura 6.8. *Inclinazione dell'asse terrestre.*

La Precessione degli Equinozi

Il risultato più evidente delle forze esercitate sulla Terra dai corpi celesti del Sistema Solare è la "*Precessione degli Equinozi*", un moto conico (lo stesso fenomeno che osserviamo quando vediamo una trottola roteare) causato dalla forma non perfettamente sferica della Terra, schiacciata ai poli e rigonfia all'equatore, che produce, per effetto dell'azione combinata delle forze gravitazionali della Luna e del Sole, un lento e continuo spostamento del suo asse di rotazione.

In sostanza, sull'asse di rotazione della Terra agiscono due forze contrapposte: le forze di attrazione del Sole e della Luna, che tentano di ridurre l'inclinazione dell'asse terrestre rispetto al piano dell'eclittica, e la forza del moto di rotazione che agisce nel verso contrario.

Il risultato è uno sfasamento in senso antiorario dell'asse di rotazione che si ripristina ogni 26mila anni e determina uno spostamento degli equinozi (quando, due volte l'anno, il giorno e la notte sono di uguale durata), anticipati ogni anno di 20 minuti rispetto all'anno sidereo (il tempo impiegato dalla Terra per completare la propria orbita attorno al Sole).

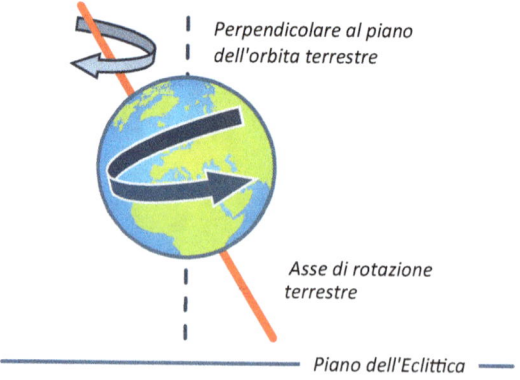

Perpendicolare al piano dell'orbita terrestre

Asse di rotazione terrestre

Piano dell'Eclittica

Figura 6.9. Precessione degli Equinozi.

In altre parole, con il passare dei millenni la Terra raggiunge afelio e perielio (rispettivamente i punti dell'orbita terrestre più lontano e vicino al Sole) in anticipo ogni anno sul calendario, raggiungendo circa 20 minuti prima la stessa posizione dell'anno precedente.

Macchie solari e attività solare

Considerato che Il Sole fornisce oltre il 99% dell'energia alla Terra (il resto proviene dal calore del nucleo terrestre), ogni sua pur minima variazione può ripercuotersi sensibilmente sulle condizioni climatiche del nostro Pianeta.

Le Macchie Solari sono dei punti scuri della fotosfera, la superficie del Sole, in cui la temperatura risulta più bassa delle aree circostanti (rispettivamente, circa 3.700°C e circa 5.500° C). La comparsa di queste zone di minore intensità termica è dovuta a una riduzione della quantità di energia proveniente dalle regioni interne del Sole a causa, si pensa, di una minore attività magnetica.

La presenza di queste macchie scure sulla superficie solare indica una fase localizzata, cioè circoscritta alla sola estensione della macchia stessa, di maggiore emissione di energia, pur essendo più fredde, e non riguarda l'attività complessiva del Sole che segue altre dinamiche.

Il numero e le dimensioni delle macchie solari variano in maniera ciclica, passando da una fase di minima presenza (o addirittura di totale assenza) a una fase di massima estensione. Ogni ciclo, ossia il tempo che intercorre tra due picchi, la cui durata media è di undici anni dalla prima rilevazione avvenuta nel 1850 (anche se si sono osservate piccole variazioni tra i dieci e i dodici anni), è detto "*Ciclo Solare*". Mentre per "*Attività Solare*" s'intende la fase di massima estensione delle macchie solari.

Quando l'attività solare è più intensa, nelle zone in cui sono presenti le macchie si verificano occasionalmente dei fenomeni detti *"brillamenti"*, che consistono in esplosioni di energia e di forti emissioni di scariche elettriche.

La loro durata è di pochi minuti e riescono a diffondersi sulla superficie solare per milioni di chilometri quadrati. Viene anche liberata una grande quantità di materia gassosa e di un elevato flusso di particelle atomiche che si dirigono verso lo spazio a velocità elevatissime, arrivando a creare interferenze sulle trasmissioni dei sistemi radio satellitari.

Durante il periodo di massima attività solare, la quantità di energia che raggiunge la Terra è di circa 1.362 W/Mq (Watt per metro quadro), mentre durante il minimo solare la quantità è di circa 1.361 W/Mq.

La differenza si aggira pertanto attorno all'0,1%. Si stima che negli ultimi 400 anni la luminosità solare sia variata non più dello 0,2%.

L'interpretazione della variazione di ampiezza e di durata dei cicli delle macchie solari, da quando il fenomeno è stato scoperto per primo da Leonardo Da Vinci nel 1600, è oggetto di un vivace confronto fra gli studiosi, soprattutto oggi che nel dibattito scientifico ha fatto irruzione la questione cambiamento climatico.

Esiste sicuramente una correlazione fra temperatura terrestre e attività solare, ma se consideriamo che la differenza tra la quantità di energia che il Sole emette quando raggiunge i due picchi è di circa lo 0,1% dell'energia totale, è facile intuire che l'incidenza dei cicli solari nella formazione del clima terrestre è poco significativa. Su una cosa concordiamo con gli esperti dell'IPCC:

«Le variazioni dell'attività solare, siano esse a breve o a lungo termine, hanno un impatto molto ridotto sul clima terrestre»

Se così non fosse, manifestandosi il fenomeno a cadenza ciclica (11 anni) si dovrebbero osservare negli stessi periodi delle altrettanti rilevanti oscillazioni climatiche.

Va inoltre considerato che dell'enorme quantità di energia prodotta dal Sole solo una parte (circa il 45%) giunge sulla superficie terrestre, il resto viene disperso a seguito dell'interazione con altre onde o particelle lungo il percorso Sole-Terra, o assorbito/riflesso dalle nubi. Questo spiega perché la temperatura negli ultimi 150 anni è aumentata, mentre l'attività solare è, nella sua seconda parte, diminuita, come evidenziato dal seguente grafico della NASA.

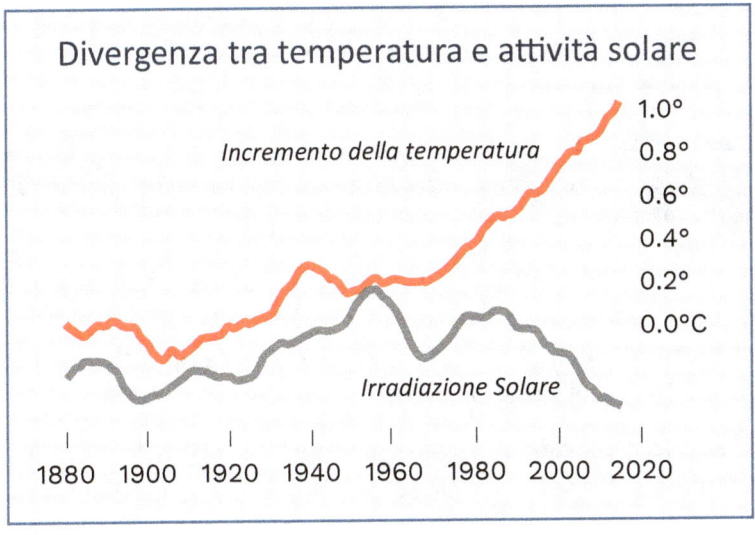

Figura 6.10. *L'andamento della temperatura terrestre e dell'attività solare degli ultimi 150 anni. Fonte: elaborazione e traduzione da NASA.*

Come si può osservare, attorno agli anni '60 del secolo scorso le due curve dopo essersi avvicinate si sono separate repentinamente, lasciando intendere che fra i due fenomeni non ci sarebbe alcuna correlazione (cosa parzialmente vera) e che, di conseguenza, e qui si scopre la forzatura interpretativa, la causa del cambiamento climatico non sarebbe di natura astronomica/astrofisica bensì di origine antropica.

Andando indietro nel tempo, a questo grafico potremo contrapporre quello di seguito riprodotto, sempre della NASA, che ci dice esattamente il contrario: evidenzia la stretta correlazione tra bassa attività solare e basse temperature.

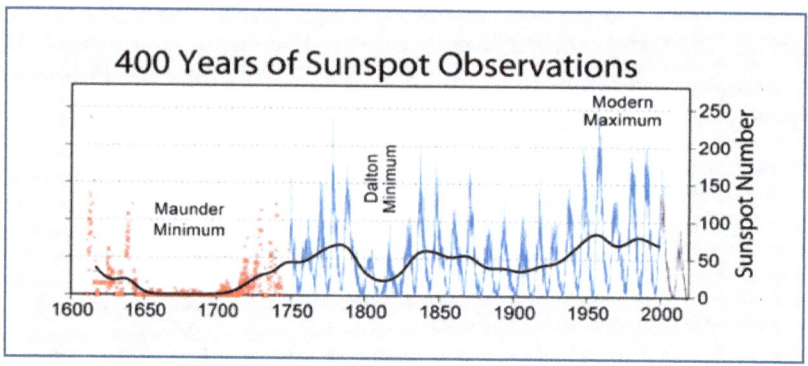

Figura 6.11. Temperatura terrestre e attività solare degli ultimi 400 anni. Fonte: NASA.

I minimi di attività solare avvenuti tra il 1650 e il 1750 (*Minimo di Maunder*) e tra il 1790 e il 1830 (*Minimo di Dalton*) hanno coinciso con il crollo delle temperature che ha portato alla Piccola Era Glaciale.

Il seguente grafico mostra invece la quantità di macchie solari registrate nei 24 cicli solari, dal 1700 al 2000. Come si può notare, l'andamento è ciclico e alterna gruppi di alta e bassa attività solare. In particolare i gruppi a bassa attività (cicli n. 5/6/7 e cicli dal 12 al 16) hanno portato a delle mini ere glaciali.

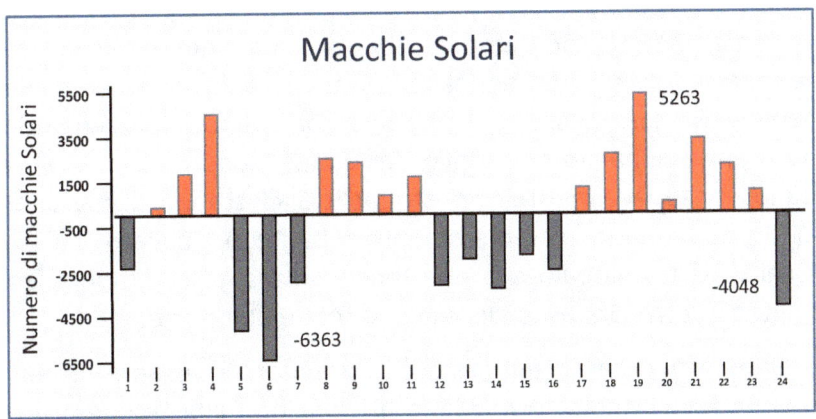

Figura 6.12. *Macchie solari. Fonte: elaborazione da NOAA, NASA.*

Venendo all'attualità, ossia al ciclo solare numero 24, si vede che siamo in un periodo di bassa attività, come nei precedenti tre cicli, pur essendo le temperature medie in aumento.

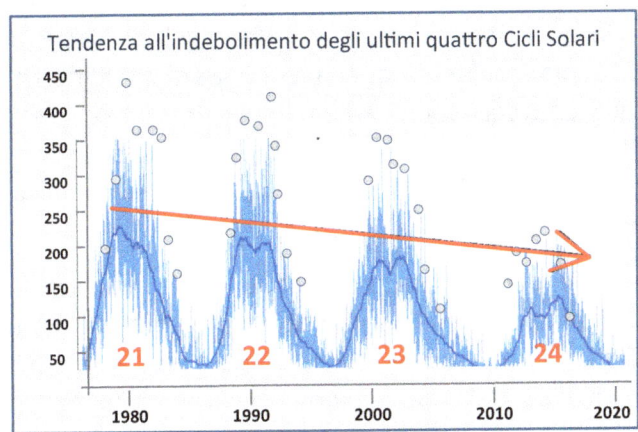

Figura 6.13. *Andamento degli ultimi 4 cicli solari. Fonte: elaborazione da NOAA.*

Se i valori dei prossimi due/tre cicli dovessero confermare la tendenza in atto, dovremmo aspettarci un nuovo *"Minimo di Maunder"*, ossia una ennesima fase di raffreddamento del Pianeta. Se così fosse, vorrebbe dire che siamo in presenza del più grande abbaglio scientifico dei tempi moderni e che, più o meno consapevolmente, i nostri politici ci stanno preparando ad uno scenario completamente sbagliato, basato su un riscaldamento globale che potrebbe rivelarsi solo temporaneo, quando invece l'inverno climatico sarebbe alle porte.

Questo paradosso dimostra che prendere in esame un solo parametro alla volta e metterlo in relazione alle temperature, porta a risultati a dir poco contradittori.

Le variazioni climatiche del presente e del passato sono il risultato di dinamiche molto complesse che andrebbero analizzate in modo complessivo, tenendo conto delle interazioni che si creano tra i vari elementi e del loro peso per poter ricavare delle proiezioni attendibili, cosa che nessun computer al mondo sarebbe in grado di fare.

Inoltre, è bene sottolineare che per *"Attività Solare"* non s'intende la quantità complessiva di energia prodotta dal Sole, ma solo la differenza di quella sviluppatasi all'interno di un ciclo solare che corrisponde allo 0,1% del totale. Pertanto, è ovvio che questa minuscola percentuale abbia scarsa incidenza sull'innalzamento della temperatura, che invece risponde a fenomeni che hanno ben altro peso.

Nei passati periodi glaciali ci sono state sicuramente delle marcate oscillazioni della temperatura in tempi paragonabili se non addirittura inferiori a quelli attuali, come si evince dal seguente grafico dell'agenzia governativa statunitense NOAA, ma da qui ad affermare che la fase di riscaldamento che stiamo sarebbe *"senza precedenti nella storia"*, come ci sentiamo continuamente ripetere, ce ne corre.

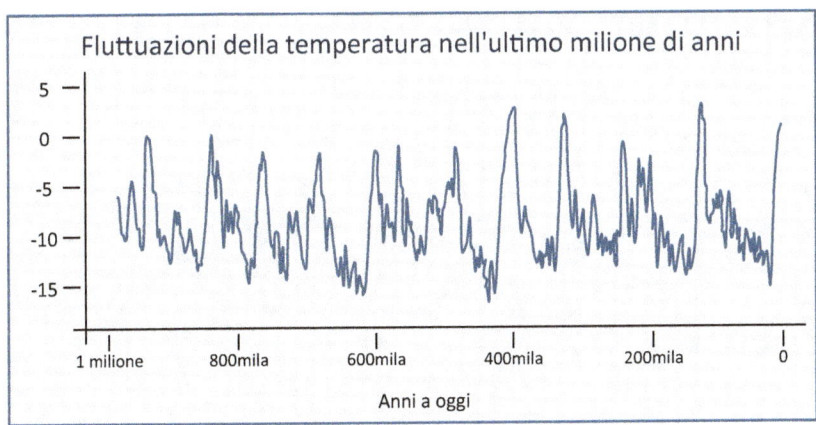

Figura 6.14. Le temperature dell'ultimo milione di anni. Fonte: elaborazione da NOAA.

Gli effetti dei cicli solari vanno pertanto visti combinati con gli altri fattori concomitanti, astronomici, astrofisici e naturali, in un processo ampio e articolato.

Analizzare il comportamento di un singolo forzante, quello che si presta maggiormente ai propri scopi, è una prassi spesso utilizzata dagli studiosi disinvolti per avvalorare le conclusioni preconcette dei loro studi.

Capitolo 7

Le cause naturali dei cambiamenti climatici

Attraverso i *"cicli di retroazione"* (detti anche fe*edbacks*), gli effetti dei cambiamenti climatici indotti dai cicli orbitali della Terra possono essere leggermente amplificati o ridotti da fattori naturali che, in questo caso, si comportano da *"forzanti"* (in inglese *forcing*).

I cicli di retroazione si dividono in feedbacks positivi, quando amplificano l'effetto iniziale, e feedbacks negativi quando, al contrario, tendono a ridurlo. Nel nostro caso, i feedbacks positivi tendono ad accelerare il riscaldamento del Pianeta.

Uno dei più importanti cicli di retroazione positiva è rappresentato dal fenomeno della "*riflettanza*", che misura la capacità di un corpo di riflettere l'irradiazione solare. L'intensità della riflettanza dipende dalle caratteristiche della sua superficie, ad esempio il colore o la lunghezza d'onda della radiazione considerata. Per "*Albedo*" (dal latino *biancore*), invece, s'intende la frazione di energia riflessa.

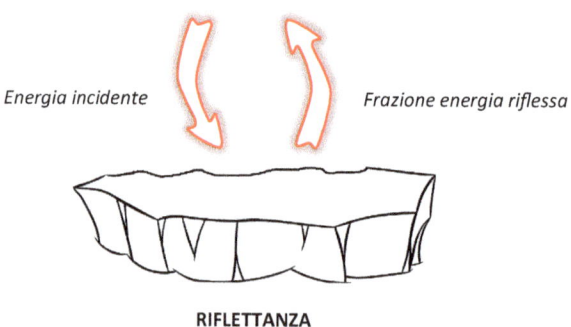

Energia incidente　　　　　*Frazione energia riflessa*

RIFLETTANZA
Ghiacciai e superfici ghiacciate/innevate

Figura 7.1. *Albedo.*

L'albedo terrestre riflette mediamente il 30% dell'energia solare ricevuta, però negli ultimi vent'anni è in calo, prevalentemente a causa dello scioglimento delle calotte polari e della diminuzione delle superfici ghiacciate e innevate.

Con l'aumento della temperatura, i ghiacci si sciolgono più facilmente ed espongono la parte sottostante scura (suolo e superficie delle acque) alle radiazioni solari. Come anche lo scioglimento della neve invernale che avviene sempre più in anticipo e scopre per più tempo il terreno scuro.

Di conseguenza, l'energia ricevuta invece di essere riflessa e dispersa nell'atmosfera viene in buona parte trattenuta, riducendo l'albedo e facendo aumentare la temperatura che, a sua volta, favorisce lo scioglimento di altro ghiaccio, innescando una sorta di circolo vizioso.

Inoltre, l'aumento della temperatura favorisce l'evaporazione delle acque degli oceani facendo aumentare la quantità di vapore acqueo, il più importante gas serra. Anzi, il vero artefice dell'effetto serra.

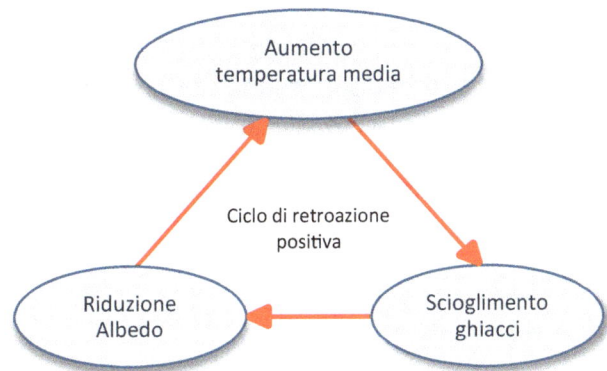

Figura 7.2. *Ciclo di retroazione positiva.*

Il risultato complessivo provocato da questa concatenazione di eventi, è un ulteriore aumento delle temperature, anche se l'estensione dei ghiacci è limitato al 3% della superficie terrestre.

Al contrario, quando i ghiacci e le superfici innevate aumentano la loro estensione, riflettono maggiormente il calore dei raggi solari disperdendolo nello spazio, l'aria si raffredda e favorisce la formazione di altro ghiaccio.

Va precisato che i cicli di retroazione entrano in gioco a posteriori, cioè quando il fenomeno è già in corso. Per cui l'azione dei gas serra, tra i quali la CO_2 cui viene attribuito un ruolo determinante, si limita a rafforzarlo.

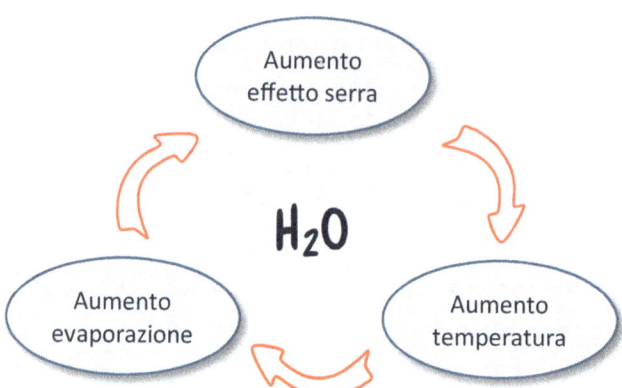

Figura 7.3. Ciclo dell'acqua.

Anche le attività umane possono contribuire all'aumento della temperatura attraverso l'immissione in atmosfera di ulteriori quantità di gas serra, in particolare metano e anidride carbonica, ma il loro contributo, come vedremo meglio nei prossimi capitoli, è del tutto marginale.

Tettonica delle zolle

La Terra, sotto il profilo fisico, è composta da quattro strati sovrapposti: *litosfera, astenosfera, mesosfera* e *nucleo*. La Litosfera è lo strato più superficiale, comprende la Crosta Terrestre e il Mantello. lo spessore varia dai pochi chilometri delle pianure e dei fondali marini ai 110/130 km in prossimità delle catene montuose.

Sotto la Litosfera si trova L'Astenosfera, uno strato di rocce allo stato parzialmente fuso chiamato Magma, che può emergere in superficie attraverso le eruzioni vulcaniche. Termina a circa 200/250 km di profondità, seguito dalla Mesosfera che scende fino al limite del Nucleo terrestre, ad una distanza di 2.900 km.

Il Nucleo è la parte più interna della Terra, occupa circa il 16% del volume del Pianeta. Nella sua parte esterna è liquida, mentre quella interna è solida e costituita prevalentemente da ferro.

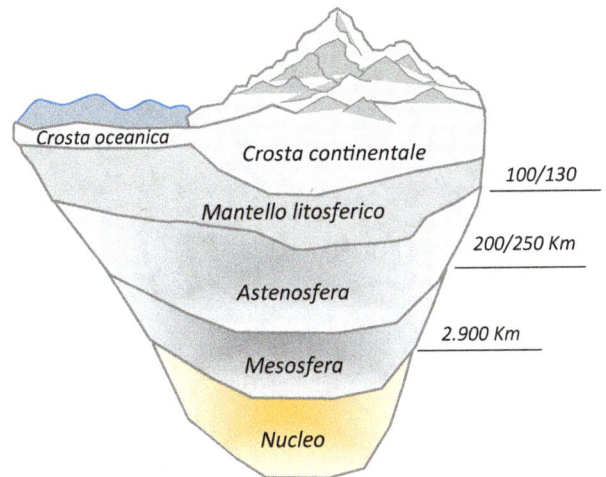

Figura 7.4. *L'interno della Terra.*

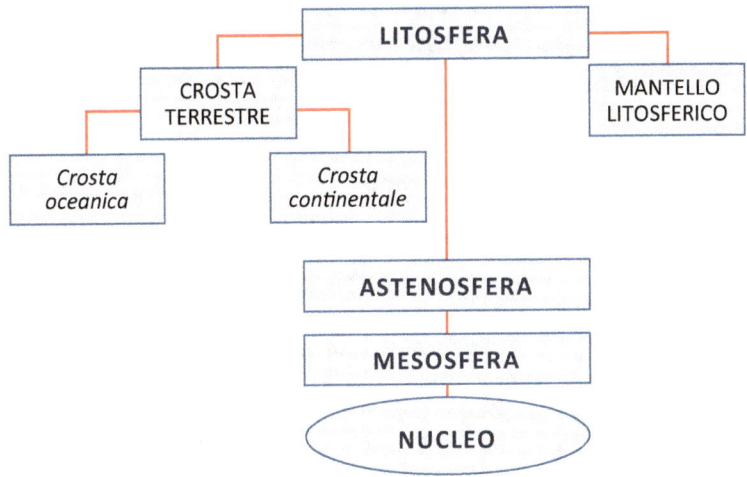

Figura 7.5. *La struttura della Litosfera.*

Circa 300 milioni di anni fa, a cavallo tra Paleozoico e Mesozoico, sul Pianeta Terra esisteva un solo continente, la *Pangea*, circondata da un unico oceano chiamato *Panthalassa*.

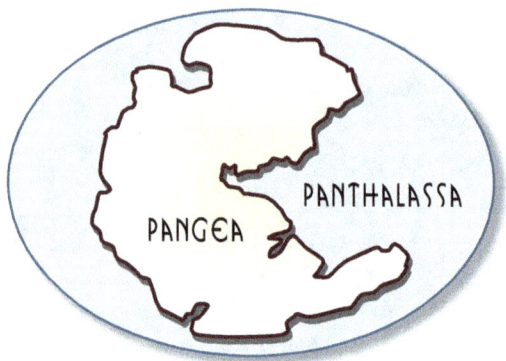

Figura 7.6. *L'origine dei continenti.*

Nel Triassico, 200 milioni di anni fa, il supercontinente Pangea si divise in due masse continentali: *Laurasia* a nord e *Gondwana* a sud che nel corso del tempo, a seguito della forza dei moti convettivi sottostanti causati dalla differenza di temperatura, si frammentarono in vari blocchi, detti *Zolle* o *Placche*, dando origine agli attuali continenti.

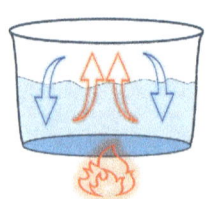

Figura 7.7. *Principio del Moto Convettivo: l'acqua più vicina alla fonte di calore si riscalda, aumenta l'energia cinetica delle molecole che si muovono più velocemente distanziandosi maggiormente e, di conseguenza, facendo diminuire la densità dell'acqua riscaldata, la quale, essendo più leggera, tende a salire verso la superfice lasciando il suo posto all'acqua fredda. In questo modo si crea un movimento circolare che genera una forza. Lo stesso accade con il materiale del Mantello che viene rimescolato continuamente. Il materiale più caldo risale verso la superficie dove, cedendo calore all'atmosfera, si raffredda diventando denso e pesante per poi scendere lentamente verso negli strati più caldi vicini al nucleo terrestre.*

Le *Placche*, come fossero delle zattere, galleggiano sullo strato semisolido di roccia fusa dell'Astenosfera e si spostano in continuazione, seppur di pochi centimetri l'anno, modificando la circolazione delle correnti oceaniche (uno dei tanti fattori naturali che da sempre influiscono sul clima).

Quando due placche a stretto contatto si allontanano, si formano delle linee di frattura dette "*Dorsali oceaniche con margini divergenti*", in prossimità delle quali si verifica la fuoriuscita di magma che si deposita sui fondali marini solidificandosi e facendo aumentare il volume della Crosta oceanica.

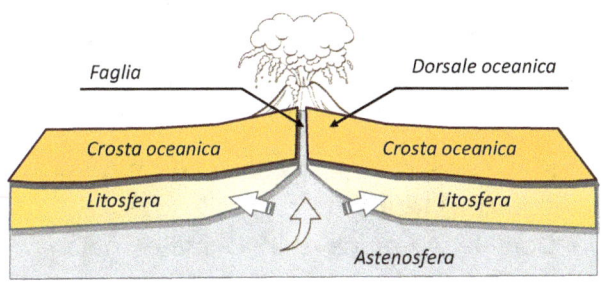

Figura 7.8. Dorsale oceanica con i margini divergenti.

Il calore del magma provoca un innalzamento della temperatura superficiale degli oceani fino a 5-6 gradi, poi stemperata per effetto delle correnti marine.

L'alto flusso di calore può anche emergere in superficie, come avviene in Islanda con il fenomeno dei geyser, dei potenti getti di acqua calda mista a vapore che possono raggiungere temperature anche di 125 gradi.

Quando invece due placche si scontrano, una porzione di quella più pesante scivola sull'altra che s'inabissa raggiungendo profondità di circa settecento chilometri dove, venendo a contato con gli strati caldi dell'Astenosfera, si fonda e provoca, come nel caso precedente, un intenso vulcanismo con fuoriuscita di grandi quantità di magma. Si parla in questo caso di *"Dorsale oceanica con i margini convergenti"*.

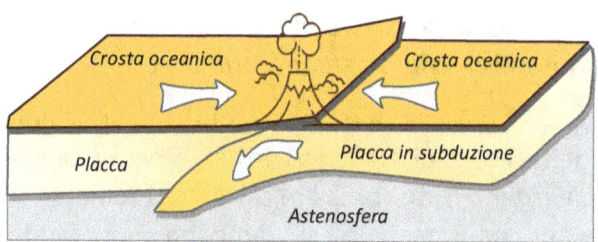

Figura 7.9. *Dorsale oceanica con i margini convergenti.*

Nelle zone dove avviene questo fenomeno, dette di subduzione, si creano delle profonde depressioni chiamate *Fosse Oceaniche*. La più nota è la *Fossa delle Marianne*, profonda oltre dieci chilometri e lunga oltre duemila.

La superficie terrestre è percorsa da oltre 60mila chilometri di dorsali oceaniche, le più estese delle quali sono la Dorsale Pacifica, la Dorsale Atlantica e la Dorsale Indiana, da cui si diramano altre dorsali minori che si sviluppano anche sotto i continenti. Il lento movimento delle faglie libera una enorme quantità di energia sotto forma di onde sismiche che raggiungono la superficie provocando i terremoti.

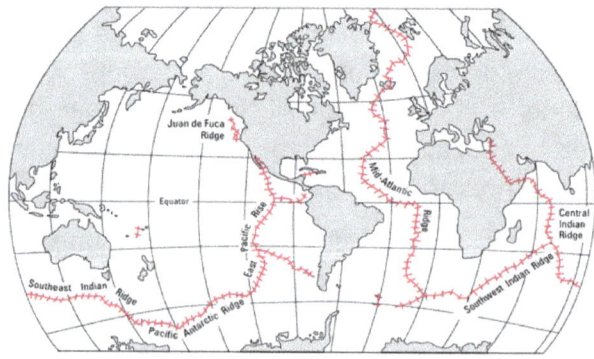

Figura 7.10. *Distribuzione delle Dorsali Medio-Oceaniche. Fonte: J M Watson - USGS, U.S Geological Survey (Dipartimento degli Interni degli Stati Uniti).*

Gli oceani

Gli oceani e i mari coprono il 71% della superficie terrestre e raccolgono il 97% di acqua del Pianeta. Grazie alla loro capacità termica, molto più elevata di quella atmosferica, svolgono un ruolo fondamentale nella regolazione del clima sulla Terra. Producono oltre il 50% dell'ossigeno che respiriamo e riducono di un terzo la quantità di anidride carbonica presente nell'atmosfera. Il processo fotosintetico di alghe e cianobatteri e in particolare del fitoplancton (anche conosciuto come *"erba dell'oceano"*) permette, infatti, la conversione dell'anidride carbonica in ossigeno, esattamente come fanno le piante in superficie.

Gli oceani assorbono calore dalle aree più calde e durante i periodi di maggiore intensità solare e lo rilasciano lentamente nelle zone più fredde, riducendo gli squilibri termici tra differenti aree del Pianeta. In questo modo esercitano un'efficace forma di regolazione sul clima, che permette alla Terra di ridurre l'impatto dei cambiamenti climatici profondi e di assorbire gran parte del riscaldamento globale. Va registrato che il livello del mare è salito di oltre 20 cm dal 1880. Questo fenomeno è legato a due fattori: l'aggiunta di acqua dolce derivante dallo scioglimento delle calotte glaciali e dei ghiacciai (seppur in modo limitato) e, soprattutto, l'espansione dell'acqua che con l'aumento della temperatura, aumenta l'energia cinetica delle molecole di H_2O che si distanziano facendo incrementare il volume del mare.

Le correnti oceaniche

Le correnti oceaniche svolgono un ruolo chiave nel processo di mitigazione climatica, spostando enormi quantità di acqua da un punto all'altro del Globo. Sono il risultato dell'interazione tra la temperatura e la salinità (che determina la densità dell'acqua) e la forza e direzione dei venti.

La forza di gravità porta invece a un rimescolamento delle acque superficiali con quelle più profonde, portando verso il fondo le acque più dense e lasciando risalire quelle con minore consistenza.

Questo avviene perché l'acqua scaldandosi si dilata e a parità di volume risulta più leggera di quella più fredda. Allo stesso modo l'acqua "*dolce*", cioè l'acqua che contiene meno sali, risulta anch'essa più leggera di quella "*salata*". Temperatura e salinità sono quindi due aspetti fondamentali, ma non bastano a spiegare l'origine e il comportamento delle correnti oceaniche.

Come le maree sono provocate principalmente dall'attrazione gravitazionale della Luna, così le correnti oceaniche sono originate dal moto di rotazione della Terra che imprime una deviazione sulle masse, sia atmosferiche che oceaniche e, in modo impercettibile, su qualsiasi corpo in movimento sulla superficie terrestre.

L'insieme di questi fattori produce la "*Circolazione Termoalina*"[1], (detta anche "*grande nastro trasportatore oceanico*"), una imponente massa d'acqua che spostandosi in profondità attraverso gli oceani trasporta con sé calore e materiali, influenzando sia il clima terrestre che la biologia marina.

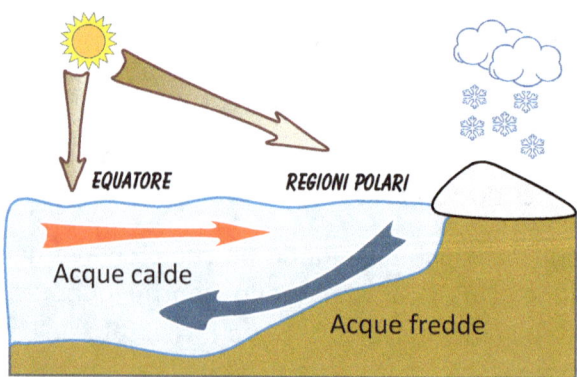

Figura 7.11. *Circolazione Termoalina, trasporta il calore dall'equatore alle regioni polari.*

Le correnti oceaniche superficiali, invece, si sviluppano principalmente per azione dei venti. La più importante di queste, è la *Corrente del Golfo.* Nasce nel golfo del Messico, anche se studi più recenti suggerisco un'origine equatoriale, come parte di un più ampio sistema circolatorio oceanico.

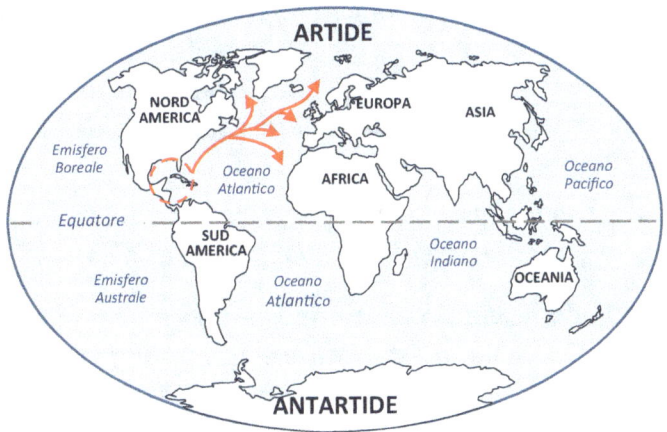

Figura 7.12. Corrente del Golfo.

Spinta dai venti Alisei che penetrano in profondità fino a 200 metri e trascinano le acque superficiali a grande velocità, con picchi di 8 metri al giorno, la Corrente del Golfo trasporta acqua calda tropicale verso il Circolo Polare Artico.

Lungo il suo percorso rilascia calore, per questo riveste un'importanza vitale per la mitigazione del clima dei Paesi europei che si affacciano sull'Oceano Atlantico. La sua influenza arriva fino all'Islanda e alla penisola scandinava per poi cessare in prossimità del Polo Nord. È proprio grazie alla Corrente del Golfo che gli inverni in Europa occidentale sono più miti che in Canada, nonostante siano situati alle stesse latitudini.

_____

(1) *È detta termoalina perché i due fattori che la controllano sono la temperatura (termo-) e la salinità (-alina).*

Anche gli oceani, come sappiamo, risentono degli effetti del cambiamento climatico che ha portato ad un rialzo delle temperature.

Ma non tutto è direttamente collegato al riscaldamento globale, vi sono infatti fenomeni che si modificano nel tempo per altre ragioni, uno di questi è un leggero rallentamento della velocità di circolazione della Corrente del Golfo, che ha dato motivo ai soliti profeti di sventura per lanciare l'ennesimo grido di allarme, ripreso dal Corriere della Sera del 28 agosto 2023 dal titolo:

«La Corrente del Golfo a rischio di collasso... E l'Europa potrebbe vivere una nuova Era glaciale»

Il quotidiano di Via Solferino riporta uno studio pubblicato il 25 luglio 2023 sulla rivista *Nature Communications* di due ricercatori dell'Università di Copenaghen, il fisico e climatologo Peter Ditlevsen e la matematica Susanne Ditlevsen, secondo i quali la Corrente del Golfo potrebbe fermarsi già nel 2025, e comunque non oltre il 2095, con *«impatti climatici catastrofici per l'Europa»*.

Naturalmente, per questi studiosi il rallentamento sarebbe iniziato con l'avvio della rivoluzione industriale a causa delle emissioni antropiche di gas serra. Tesi alquanto ardita, a tal punto da costringere perfino l'IPCC a ridimensionare le previsioni apocalittiche dei due scienziati danesi.

In un comunicato, l'Agenzia delle Nazioni Unite, senza smentire il discutibile studio, comunque utile alla causa catastrofistica, afferma:

«E' assolutamente improbabile che accada entro la fine di questo secolo»

In realtà, il rallentamento, per quanto modesto, rientra nelle normali fluttuazioni che interessano tutti i fenomeni climatici.

Come abbiamo accennato, la Corrente del Golfo è spinta dai *"Venti Alisei"* che, per effetto della rotazione terrestre (*Forza di Coriolis*), soffiano costantemente in modo convergente verso la zona equatoriale nei due emisferi: da nord-est nell'emisfero settentrionale e da sud-est nell'emisfero meridionale. Spinti anche dalla differenza di temperatura e di umidità tra l'equatore e le regioni subtropicali.

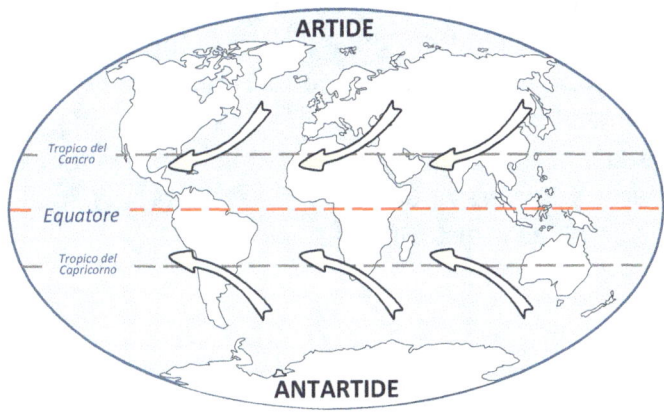

Figura 7.13. *Venti Alisei.*

Anche se normalmente soffiano in modo costante, gli Alisei possono subire variazioni nella loro direzione e intensità, arrivando a indebolirsi profondamente o addirittura a invertire la loro direzione, a causa dell'interazione con un altro importante fenomeno climatico, *El Niño* (lo vedremo più avanti). È quindi facile comprendere come l'indebolimento degli Alisei porti a un rallentamento della Corrente del Golfo.

Secondo gli studiosi che condividono l'allarme lanciato dagli scienziati danesi, la causa del rallentamento della Corrente del Golfo sarebbe invece da attribuire allo scioglimento dei ghiacci polari che riversano una maggiore quantità di acqua dolce nelle acque della regione artica. Questo maggiore afflusso di acqua dolce andrebbe a ridurre la differenza di densità tra le acque oceaniche e quelle artiche, con riflessi sulla velocità di scorrimento della Corrente del Golfo che ne risulterebbe ridotta.

Ragionamento puramente teorico e con molte falle. Innanzi tutto, non tiene conto della causa primaria che genera la Corrente del Golfo, cioè i venti Alisei, in secondo luogo non viene considerato il principio di proporzione.

La quantità di acqua dolce prodotta in eccesso dallo scioglimento anticipato dei ghiacci polari (che rappresentano il 3% della superficie terrestre) è del tutto irrilevante se la rapportiamo all'enorme massa oceanica che si sposta con la Corrente del Golfo. Per avere una qualche incidenza, i Poli dovrebbero sciogliersi quasi del tutto, una eventualità che vedono solo gli allarmisti climatici.

El Niño

Tra i fenomeni climatici di maggior impatto sul clima della Terra troviamo *"El Niño"* (bambino o ragazzino in spagnolo), un evento naturale noto da migliaia di anni che si verifica nell'area equatoriale del Pacifico. Si manifesta periodicamente e ha un impatto rilevante sul clima in tutto il mondo.

Questo fenomeno produce un flusso superficiale di acqua calda che, con una certa regolarità, si riversa sulle coste occidentali del Sud America, determinando la formazione di sistemi nuvolosi di notevole intensità. In condizioni normali, nell'Oceano Pacifico gli Alisei soffiano da est verso ovest lungo l'equatore e spingono acqua calda superficiale dalle coste di Panama verso le Isole dell'Indonesia.

Quando entra in gioco El Niño, gli Alisei diminuiscono la loro intensità invertendo la direzione delle masse d'acqua calda, spingendole da ovest a est del Pacifico.

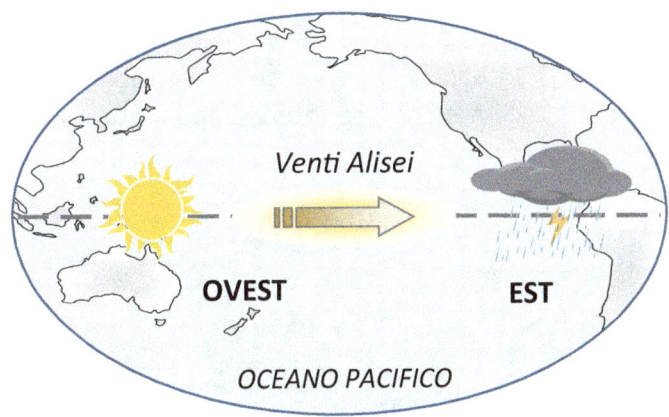

Figura 7.14. *I Venti Alisei e il fenomeno El Niño.*

Le conseguenze di El Niño si avvertono su tutte le regioni che si affacciano sull'Oceano Pacifico Centrale, causando perturbazioni di varia entità e fenomeni talora estremi. Si avvertono soprattutto in California, Equador e Perù, zone normalmente poco piovose, che sono colpite da forti inondazioni; e in Australia e Indonesia, attraversate da periodi di forte siccità. Ne risente anche l'ecosistema marino, i cui effetti si ripercuotono negativamente sull'economia delle popolazioni costiere che vivono di pesca.

La corrente calda che El Niño spinge verso le coste sudamericane, è infatti povera di elementi nutritivi che, sostituendosi alle acque fredde ricche di plancton, limita la riproduzione dei pesci.

El Niño si manifesta nei mesi di dicembre e gennaio, in media ogni tre/sette anni, dura non meno di cinque mesi e porta a un aumento della temperatura superficiale dell'Oceano Pacifico Centrale di almeno 0,5°C. A *El Niño* si contrappone "*La Niña*", un fenomeno climatico di segno opposto, che produce una riduzione della temperatura dello stesso valore per lo stesso periodo di tempo.

Entrambi i fenomeni, denominati nel loro insieme con la sigla ENSO (*El Niño-Southern Oscillation*), per la loro estensione e intensità provocano sensibili modifiche meteorologiche e climatiche che interessano l'intero Pianeta.

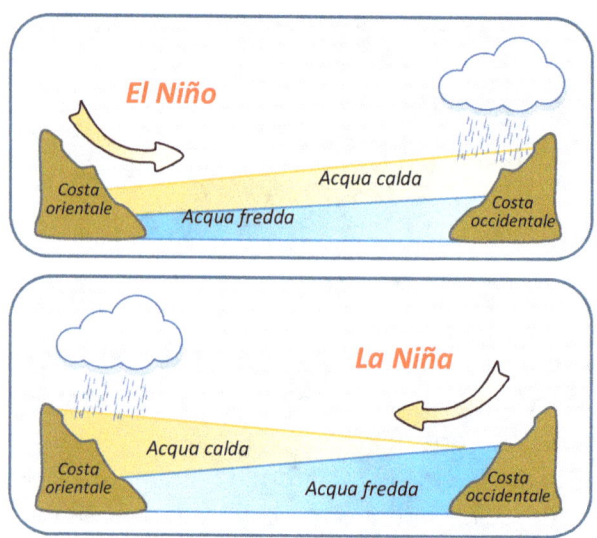

Figura 7.15. *El Niño e La Niña.*

Un altro aspetto rilevante riguarda l'anidride carbonica. Come sappiamo, all'aumento della temperatura marina corrisponde un incremento dell'evaporazione dell'acqua e delle sostanze in essa disciolte e, quindi, anche della CO_2.

È dunque perfettamente normale che quando la temperatura aumenta nella zona equatoriale dell'Oceano Pacifico a seguito del passaggio di El Niño, si osservi un marcato incremento della concentrazione in atmosfera di anidride carbonica, a cui si aggiunge quella prodotta dagli incendi boschivi causati dalla siccità (e spesso dalla mano dell'uomo).

Il sottostante grafico riassume i dati rilevati dalla stazione meteorologica NOAA di Mauna Loa nelle Hawaii, che evidenzia lo stretto rapporto causa-effetto tra temperatura e concentrazione atmosferica di CO_2 durante l'alternanza ciclica El Niño-La Niña. Inoltre, la linea tratteggiata evidenzia il ricorrente ritardo tra l'aumento della temperatura e il successivo incremento della concentrazione di CO_2.

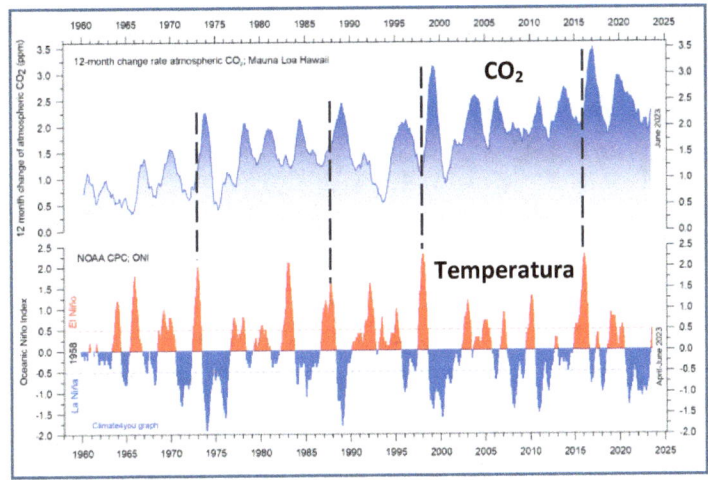

Figura 7.16. *Rapporto tra aumento della temperatura causata dal fenomeno El Niño e tasso di crescita annuale della CO_2 atmosferica. Fonte: elaborazione da NOAA – Climate4you.*

Le cause di El Niño non sono del tutto chiare, quella più probabile è una variazione dei venti minori che agiscono localmente, altra ipotesi è quella proposta dai ricercatori della Washington University di St. Louis e da altri studiosi come John Reid e Aj Strata, che protendono verso una origine vulcanica sottomarina che avverrebbe In prossimità dell'equatore, dove convergono tre placche tettoniche. La periodica fuoriuscita di magma provocherebbe il riscaldamento delle acque in prossimità delle coste del Sud America, poi sottoposte all'azione dei venti Alisei.

Comunque sia, le conseguenze riguardano l'intero Pianeta, in quanto l'Oceano Pacifico occupa il trenta percento della superficie terrestre e da solo si estende più di tutti i continenti sommati, di conseguenza la sua circolazione non può che produrre effetti anche sul resto del mondo. Infatti, delle variazioni che avvengono sul Pacifico tropicale ne risentono sia la Temperatura media globale che aumenterebbe di circa 0,2 gradi sia, di conseguenza, la concentrazione di anidride carbonica atmosferica, interferendo poi su altri fenomeni climatici.

Attività vulcanica

L'attività vulcanica di superficie, come quella che avviene sui fondali oceanici a seguito dello spostamento delle placche tettoniche, può influire sul clima alterandolo a livello locale ma, a seconda della sua intensità e latitudine, anche su scala globale causando un sensibile calo termico della durata di decenni e perfino di secoli.

Le grandi eruzioni vulcaniche immettono grosse quantità di gas e ceneri sottili che proiettate con forza raggiungono la stratosfera a un'altezza fra i 15 e i 35 chilometri (detto *strato di Junge*), dove formano uno schermo che ostacola il passaggio delle radiazioni solari. Tra i gas emessi abbiamo l'anidride carbonica che tuttavia, per le modeste quantità, ha scarsa incidenza sui fenomeni che ne conseguono.

Più rilevante è invece l'azione dell'anidride solforosa (SO_2) la quale, reagendo con il vapore acqueo (H_2O) presente nell'atmosfera, produce elevate quantità di acido solforico (H_2SO_4) sottoforma di aerosol, che da un lato aumenta l'effetto serra mentre dall'altro, in misura molto maggiore, riflette verso l'alto i raggi solari. L'effetto combinato (polveri + aerosol) è quello di ridurre le temperature medie, anche a notevole distanza dall'eruzione vulcanica e per diverso tempo.

Infatti, una volta raggiunti gli alti strati dell'atmosfera, queste particelle vengono disperse su tutto il Globo sotto l'azione dei venti stratosferici che agiscono ad un'altezza ben al di sopra delle catene montuose che ostacolano la diffusione dei venti superficiali.

Ovviamente, tutto questo in funzione dell'entità del fenomeno eruttivo e tenuto conto dell'azione dei venti, poiché le eruzioni in aree tropicali hanno un impatto maggiore sul clima globale rispetto a fenomeni di intensità analoga che avvengono a latitudini più elevate, perché le correnti d'aria dei tropici trasportano più velocemente le emissioni vulcaniche e, di conseguenza, interessano aree molto vaste, diffondendo nell'atmosfera una maggior quantità di ceneri sottili e solfati capaci di oscurare la luce solare.

Negli ultimi duecento anni ci sono state diverse eruzioni vulcaniche che hanno avuto un impatto enorme sul clima della Terra, modificandolo profondamente sia in modo diretto sia agendo come fattore di retroazione positiva. Le conseguenze si sono avvertite non solo a livello climatico, ma anche sulla produttività agricola che ha portato alla carestia molte parti del mondo a causa della grande quantità di particelle di polvere che ha sospeso la fotosintesi nelle piante, provocando ovunque un collasso della vita.

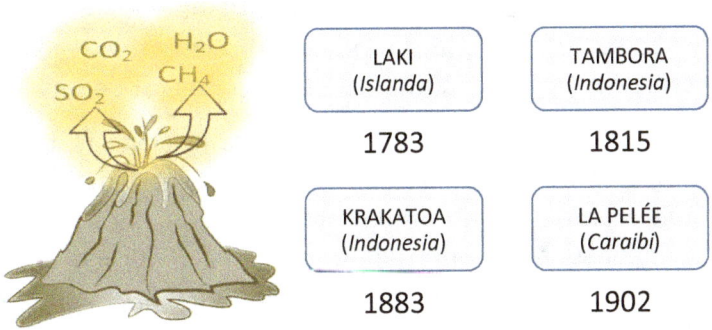

Figura 7.17. Le principali eruzioni vulcaniche che hanno avuto impatto sul clima globale.

Vulcano Laki

Una delle maggiori eruzioni vulcaniche mai registrate negli ultimi due secoli è avvenuta in Islanda l'8 giugno del 1783 con l'esplosione del vulcano *Laki*.

L'Islanda non è nuova a questi fenomeni. Non a caso è definita la "*Terra del fuoco e del ghiaccio*", per il contrasto tra il freddo dei ghiacci e il calore che fuoriesce dalle viscere della Terra sotto forma di vapori caldi (*geyser*) e di eruzioni vulcaniche.

Per un periodo di oltre otto mesi, tanto durò l'attività vulcanica che cessò solo nel febbraio dell'anno successivo, Laki alterò l'equilibrio climatico in tutto il continente europeo con ripercussioni nel resto del mondo. I gas emessi nell'aria formarono una nube tossica, tristemente ricordata come la "*nebbia di Laki*", che causò un drammatico calo delle temperature e danni incalcolabili. Più della metà dell'intera popolazione morì per l'effetto diretto dell'eruzione e per la conseguente carestia.

A causa dell'enorme coltre di cenere che ricoprì l'intera isola, i raccolti andarono perduti, i fiumi furono avvelenati e il bestiame che sopravvisse all'eruzione perì per la mancanza di cibo e, come se non bastasse, la lava e il fuoco incontrollato si estesero in buona parte del territorio distruggendo abitazioni e bruciando la vegetazione. Le autorità governative, prese dallo sconforto, considerarono anche l'ipotesi di abbandonare l'isola.

L'impatto dell'eruzione andò ben oltre le coste islandesi. A metà luglio la nube tossica, densa e persistente, che i raggi del sole non erano in grado di penetrare, spinta dai venti causati da una inconsueta alta pressione, raggiunse l'Europa centrale e la Gran Bretagna. Quella sorta di "*nebbia secca*", come venne definita, provocò un sensibile calo termico avvertito in tutto l'emisfero settentrionale.

Le sue propaggini toccarono anche l'Italia e la parte orientale degli Stati Uniti. Questi ultimi subirono uno degli inverni più lunghi e freddi, con temperature di quasi 5°C al di sotto della media.

Nei mesi seguenti la differenza termica tra continenti e oceani fu profondamente alterata, a tal punto da incidere sulle caratteristiche dei Monsoni e di El Niño. La conseguenza fu una forte riduzione delle precipitazioni sul Nordafrica e soprattutto in Egitto, dove le periodiche inondazioni del Nilo, che con le sue acque porta fertilità ai campi, diminuirono drasticamente. La perdita dei raccolti dell'anno e di quello successivo causò la morte di migliaia di persone.

In Giappone, l'onda lunga dell'eruzione Laki provocò una delle peggiori carestie della sua storia a causa del freddo eccezionale che compromise il raccolto di riso, il tradizionale e fondamentale alimento dei giapponesi. Si stima che oltre un milione di persone morirono per la carestia che si protrasse nei quattro anni successivi, causata anche dall'eruzione del vulcano del *Monte Asama* avvenuta l'anno dopo, il 4 agosto 1783.

In precedenza nel 1104, sempre in Islanda, ebbe luogo, un'altra devastante eruzione, quella del vulcano *Hekla*, uno dei vulcani più grandi e attivi dell'isola, definito durante il Medio Evo "*la porta dell'inferno*" per l'elevato numero di vittime e di devastazioni che ne seguirono. La polvere ed i gas velenosi portarono alla morte un quarto della popolazione locale e di metà del bestiame. Il calo termico che seguì l'eruzione fu avvertito in tutta l'isola e, in misura minore, al di fuori delle sue coste. Non ebbe quindi grandi ripercussioni sul clima globale, a differenza di quanto avvenuto con l'eruzione di Laki.

Uno dei primi studiosi a sostenere che i vulcani modificano il clima, riferendosi all'eruzione Laki del 1782, fu Benjamin Franklin, secondo cui a innescare un inverno insolitamente freddo fu la nube densa e scura generata dall'eruzione del vulcano che oscurò i cieli d'Europa, impedendo ai raggi del Sole di raggiungere la Terra.

Vulcano Tambora

Trent'anni dopo, Il 10 aprile 1815, dall'altra parte del Globo, nell'isola indonesiana di Sumbawa, il vulcano *Tambora* si risvegliò dopo secoli di quiete. La sua sommità fu scossa da una serie di esplosioni che la squarciarono, facendo fuoriuscire copiose colate di lava e proiettando nel cielo altissime colonne di fumo, ceneri e lapilli, fino a quaranta chilometri di altezza. Uno spesso strato di materiale vulcanico ricoprì un'area di quasi 100mila chilometri quadrati, distruggendo interi villaggi e provocando la morte di oltre 90mila persone (12mila durante l'eruzione e altre 80mila per fame e carestie che seguirono l'evento).

Durante l'eruzione furono immesse in atmosfera enormi quantità di polveri e di gas di anidride solforosa (biossido di zolfo - SO_2) che oscurarono il cielo impedendo alla luce solare di raggiungere la superficie. La conseguenza fu una drastica riduzione delle temperature: fu un anno senza estate con ripercussioni su tutto il Pianeta.

L'enorme quantità di zolfo rilasciata nella Stratosfera raggiunse la Cina e il continente Americano. Ne risentirono pesantemente le coltivazioni che stentarono a crescere e i prodotti a maturare, anche a causa delle piogge acide. La conseguente carestia provocò una penuria di cibo che rese difficile la sussistenza di intere popolazioni asiatiche.

Vulcano Krakatoa

Un'altra devastante eruzione avvenne sempre in Indonesia pochi anni dopo, nell'isola di Rakat, il 27 agosto 1883 ad opera del vulcano *Krakatoa*, protagonista di una delle eruzioni vulcaniche più forti mai registrate negli ultimi secoli (seconda solo alla esplosione del Tambora), una potenza, 200 volte quella sviluppata dalla bomba atomica a Hiroshima, che distrusse due terzi dell'isola e produsse un boato sentito a 2mila chilometri di distanza.

L'eruzione del Krakatoa fu talmente forte da influenzare a lungo il clima di tutto il Pianeta. L'enorme quantità di polveri eruttata dal vulcano raggiunse la Stratosfera causando un calo della temperatura media annua terrestre di circa un grado. Le onde di tsunami successive all'eruzione, alte 40 metri, distrussero intere città costiere e causarono la morte di oltre 36mila persone, mentre l'onda d'urto generata dall'esplosione fece più volte il giro del mondo.

Vulcano La Pelée

Altra eruzione di pari intensità fu quella del vulcano *La Pelée*, nell'isola della Martinica, avvenuta l'8 maggio 1902 che distrusse la città di Saint-Pierre causando 30mila vittime, la maggior parte delle quali perì carbonizzata all'istante a causa dell'alta temperatura della nube gassosa che raggiunse i mille gradi Celsius, e alla rapidità della lava che si diresse verso il mare ad una velocità di oltre cento chilometri orari. Bastarono due minuti per distruggere quasi completamente la città, senza lasciare scampo agli abitanti. Si salvarono solo in quattro, tra cui un recluso detenuto in una cella sotterranea.

Come abbiamo visto, sono tanti i fattori che concorrono alla formazione del clima della Terra e alla sua estrema mutabilità. Fattori astronomici che regolano l'alternarsi delle stagioni e provocano periodiche, profonde e prolungate trasformazioni climatiche; fattori naturali che si ripetono nel tempo e fenomeni eccezionali che causano temporanee variazioni i cui effetti si ripercuotono a livello globale.

E per quanto possiamo sforzarci, ci viene difficile il solo pensare che le attività umane possano avere la stessa forza della natura, tali da provocare sconvolgimenti epocali e addirittura portare alla fine dell'Umanità.

Entropia della Terra

Nell'analisi scientifica dei cambiamenti climatici non sempre viene adeguatamente considerata l'*Entropia,* una legge fisica derivante dal secondo principio della Termodinamica che descrive gli scambi d'energia tra un sistema e l'ambiente esterno. In sostanza, se esiste una differenza di temperatura tra due ambienti, il sistema tende a equilibrarli trasferendo calore dall'ambiente più caldo a quello più freddo. Lo vediamo in inverno quando apriamo le finestre per cambiare aria: non entra il freddo, esce il caldo.

Le molecole di gas che compongono l'aria e l'atmosfera sono dotate di energia cinetica, una forma di energia legata al movimento. Maggiore è l'energia cinetica posseduta da una molecola, maggiore sarà la sua velocità di movimento.

All'aumentare delle temperature cresce il moto di agitazione termica delle molecole gassose, che le spinge a muoversi caoticamente in tutte le direzioni, scontrandosi tra loro e andando ad occupare tutto lo spazio disponibile.

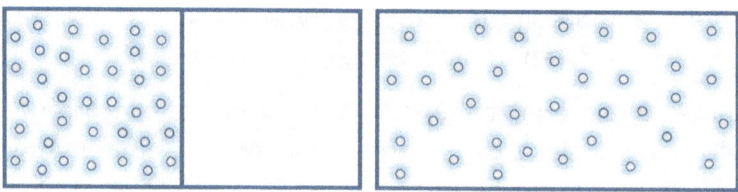

Figura 7.18 Entropia (tendenza all'equilibrio).

L'entropia viene anche descritta come la misura del grado di disordine di un sistema, una grandezza che può solo aumentare nei processi fisici reali. A ogni trasformazione del sistema che provoca un trasferimento di energia l'entropia aumenta, perché l'equilibrio può solo crescere.

In altri termini, in termodinamica qualunque processo spontaneo, in particolare quelli di combustione, è sempre accompagnato da un aumento dell'entropia. Inoltre avviene in modo irreversibile: tornando all'esempio della finestra, il calore una volta uscito non rientra spontaneamente.

Minima Entropia
Minimo disordine

Processo spontaneo e irreversibile

Massima Entropia
Massimo disordine

Figura 7.19. Entropia (tendenza al disordine).

Anche il clima, essendo un sistema termodinamico, risponde a questa regola. Viene pertanto definito come un "*sistema dinamico non lineare caotico*", con particolare riferimento alle oscillazioni altrettanto caotiche del sistema atmosfera-oceani. Lo schema seguente schematizza il bilancio energetico degli scambi fra Sole, Terra e Spazio.

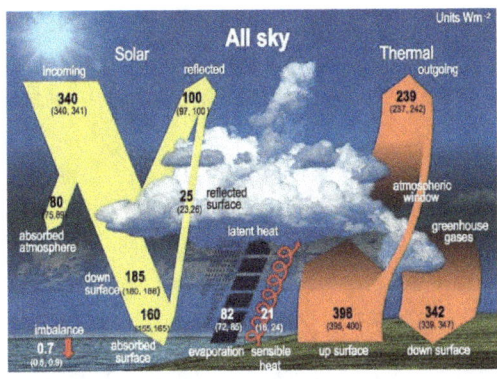

Figura 7.20. Flussi di energia nel modello di Trenberth & Kiehl.

I flussi gialli rappresentano l'energia radiante proveniente dal Sole, le cui lunghezze d'onda sono nel campo del visibile (0,5 micron), mentre i flussi rossi indicano l'energia radiante, nel campo dell'infrarosso (10 micron), emessa dalla Terra e dall'atmosfera. Sono anche indicati i contributi di tipo non radiativo dei flussi convettivi di calore, latente (acqua che evapora) e sensibile[2].

Questa rappresentazione grafica mostra che a livello energetico esiste una condizione sostanzialmente stazionaria: tanta energia arriva dal Sole e tanta ne riparte verso lo Spazio cosmico, circa 340 W/m2, in media. In realtà il bilancio rappresentato non è in parità, esistono delle discrepanze legate alle cosiddette *incertezze dei contributi* e alle enormi capacità termiche in gioco che non si realizzano contestualmente.

Tuttavia, di questo sistema altamente dinamico conosciamo solo in parte i valori che assumono tutti i parametri, le relazioni tra di essi e le leggi con cui questi variano. Non abbiamo ancora compreso in maniera compiuta la fisica del clima e le variazioni oceaniche a lungo termine.

È questa una forte limitazione che non ci permette, ad esempio, di prevedere l'evoluzione del fenomeno El Niño. Come non siamo in grado di conoscere appieno le cause che regolano la copertura nuvolosa, sappiamo solo in modo indicativo che dipendono in buona parte dalle variazioni caotiche degli oceani e dei venti stratosferici, ma niente di più.

---

(2) *Il calore latente è la quantità di energia scambiata durante un passaggio di stato. Il calore sensibile è la quantità di energia che viene scambiata tra due corpi che produce una diminuzione della differenza di temperatura.*

Capitolo 8

I cambiamenti climatici degli ultimi 10mila anni

La memoria dell'uomo è troppo breve per comprendere i cambiamenti del passato

L'arco di tempo che andremo ad analizzare parte dall'ultima glaciazione, detta di Würm, di cui disponiamo i dati più attendibili. Iniziata all'incirca 110mila anni fa e terminata 11,7mila anni fa. Il picco glaciale fu raggiunto tra i 25mila e i 20mila anni fa, con la temperatura media di almeno sette gradi più bassa di oggi. Durante questa fase i livelli dei mari si abbassarono di oltre 120 metri e i ghiacciai ricoprivano un terzo delle terre emerse (oggi sono un decimo).

In quel periodo l'Europa continentale, l'Inghilterra, l'Asia nord-orientale, il Canada e la parte settentrionale dell'America, erano ricoperti da una coltre di ghiaccio che in alcuni punti poteva raggiungere anche i duemila metri di spessore.

Le nostre Alpi erano interamente ricoperte da una calotta polare spessa più di un chilometro, le cui propaggini raggiungevano la pianura padana creando dei profondi affossamenti che avrebbero dato origine agli odierni laghi Maggiore, di Como, d'Iseo e di Garda. All'incirca 10/20mila anni fa, le temperature iniziarono gradatamente a risalire provocando lo scioglimento dei ghiacciai e facendo risalire di oltre venti metri il livello dei mari. Lo schema sottostante raffigura le variazioni climatiche significative avvenute dopo la fine dell'ultima Era Glaciale.

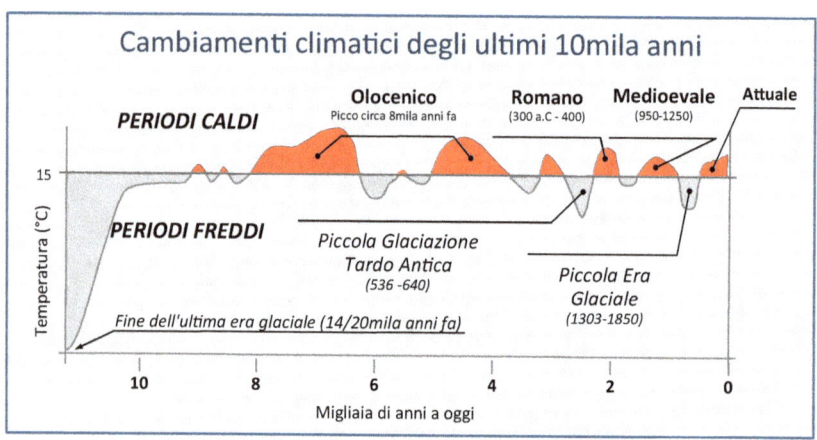

Figura 8.1. I cambiamenti climatici avvenuti nel corso degli ultimi 10mila anni. Fonte: elaborazione grafica da Wikipedia.

Come si può notare, l'alternarsi di periodi caldi e freddi ha un andamento ciclico e non deve meravigliare se in questo secolo la temperatura media subisce delle variazioni nell'ordine di uno o due gradi. Poca cosa se le confrontiamo con quanto avvenuto in passato.

Con buona pace di quel gruppo di 35 scienziati che nel corso dell'ultimo *Congresso Geologico Internazionale* tenutosi in Sud Africa nell'agosto del 2016, per avvalorare la supposta tesi del cambiamento climatico causato dall'uomo, ha presentato una petizione in cui propone di ribattezzare l'attuale Era Interglaciale in *"Antropocene"*, termine coniato nel 2000 dal chimico e premio Nobel olandese Paul Crutzen, per definire l'epoca geologica in cui:

> *«L'ambiente terrestre è fortemente condizionato a livello globale dagli effetti dell'azione umana fino alla sua imminente probabile estinzione»*

Riportiamo la sinossi del libro di Paul Crutzen *"Benvenuti nell'Antropocene. L'uomo ha cambiato il clima, la Terra entra in una nuova era"* (Mondadori, 2005).

> *«In un tempo brevissimo, se confrontato con lo scorrere invariato dei millenni che ci hanno preceduto, la nostra specie ha alterato in modo radicale tutti gli ecosistemi esistenti (...) ha provocato e continua a provocare l'estinzione di numerose specie animali e vegetali»*

Fin qui, tutto condivisibile: è l'uomo il diretto responsabile dei danni provocati all'ambiente, dall'inquinamento di aria e mari alle deforestazioni che, alterando l'habitat, hanno portato alla estinzione di specie animali e vegetali. Proseguiamo:

> *«Oltre a depauperare senza tregua le risorse idriche e naturali, a provocare lo scioglimento dei ghiacciai e a inquinare con sostanze chimiche i corsi d'acqua e le aree coltivate, l'uomo ha anche modificato la composizione dell'atmosfera fino a generare concentrazioni di gas serra paragonabili, se non addirittura superiori, a quelle che, in passato, posero fine alle glaciazioni»*

A parte l'enormità dell'asserzione secondo cui sarebbe stata la CO_2 a porre fine alle glaciazioni, con quest'ultima frase si scopre dove lo studioso olandese vuole andare a parare quando pone sullo stesso piano due fenomeni tra loro distinti come l'inquinamento causato dall'uomo e lo scioglimento dei ghiacciai prodotto dalla natura, facendone un tutt'uno e riconducendolo alle attività umane. Di fatto sconfessando una intera disciplina scientifica, la *Paleoclimatologia*, che ci ha permesso, grazie al lavoro di centinaia di scienziati di tutto il mondo, di ricostruire la storia climatica della nostra Terra, come dimostra il grafico che segue, riferito agli ultimi 400mila anni, quando l'uomo non era ancora apparso (le prime tracce di *Homo Sapiens*, detto anche *Uomo Moderno*, risalgono a 300mila anni fa) e che, quindi, non poteva avere alcun rapporto con il clima.

Inoltre, se la causa dei cambiamenti climatici fossero le alte concentrazioni di CO_2, non si spiega come mai nei precedenti picchi di temperatura verso l'alto la concentrazione massima di anidride carbonica si è sempre mantenuta sotto le 300ppm (parti per milione), mentre oggi con temperature più basse rispetto ad allora siamo arrivati a 422ppm (dicembre 2023).

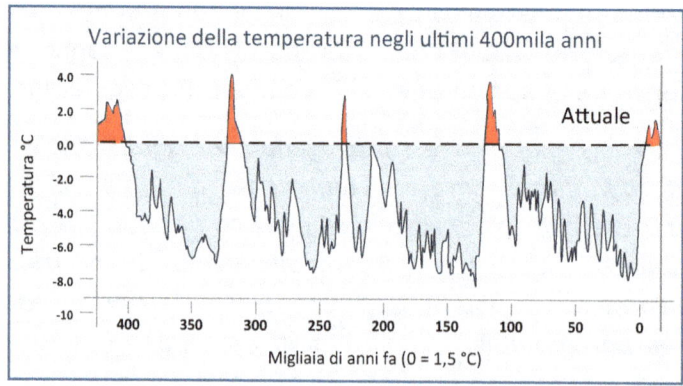

Figura 8.2. *Sito antartico di Vostok. Fonte: elaborazione climate4.you.*

Vediamo ora in maniera più approfondita le variazioni climatiche avvenute negli ultimi 10mila anni.

L'Optimum Climatico dell'Olocene

L'Optimum Climatico dell'Olocene - avvenuto all'incirca tra 9mila e 5mila anni fa, con un massimo termico raggiunto attorno ai 7/8mila anni fa - è il primo dei periodi caldi che, alternandosi a periodi freddi, si sono succeduti dopo la fine dell'ultima glaciazione. Le temperature registrate erano sensibilmente superiori a quelle attuali. A questo optimum climatico ha corrisposto la minima estensione dei ghiacci e un limitato aumento della concentrazione atmosferica di CO_2.

Il clima dell'Olocene è stato causato dalle variazioni orbitali della Terra, in particolare dell'obliquità dell'asse terrestre, che hanno modificato il grado d'isolazione terrestre. Il riscontro, anche in questo caso, viene dall'analisi dei Proxy, l'archivio dati di reperti fossili.

Il gruppo di ricerca dell'Università di Helsinki, in Finlandia, guidato dal Professor Heikki Seppä, sulla base dei ritrovamenti fossili di Orsi polari ai margini della calotta glaciale scandinava e dell'analisi dei sedimenti marini, come i foraminiferi unicellulari e le alghe diatomee, è risalito alle temperature polari durante l'Optimum climatico dell'Olocene che sono risultate più elevate di oggi di 1,5–2,5°C[1].

Nonostante l'imponente mole di prove, non mancano le tesi contrarie basate su modelli computerizzati, secondo cui il caldo dell'Olocene non sarebbe mai avvenuto. La stridente discordanza tra i dati rilevati sul campo attraverso i proxy e quelli puramente teorici elaborati al computer è detta,

---

(1) *https://www.meteoweb.eu/2023/10/clima-orsi-polari-sopravvissuti-ultima-deglaciazione/1001308549/*

eufemisticamente, "*Enigma dell'Olocene*". Lo scopo evidente, è quello di dimostrare la presunta eccezionalità dell'attuale riscaldamento globale negando qualunque precedente storico.

Periodo Caldo Romano (200 a.C. – 400)

Nel primo capitolo di questo saggio, abbiamo visto come le condizioni climatiche particolarmente miti e stabili, abbiano favorito la massima espansione dell'Impero Romano e della civiltà occidentale nel suo insieme.

Le intense piogge primaverili ed estive, sapientemente canalizzate dalle imponenti opere idrauliche che solo i Romani sapevano realizzare, assicurarono per tutto l'anno l'acqua alle città. Le temperature, sensibilmente più alte di quelle attuali, agevolarono l'agricoltura in tutte le provincie Romane, perfino in quelle della sponda mediterranea del Nordafrica e del Medioriente da cui proveniva gran parte del grano. L'aumento delle aree coltivabili e la maggior resa dei raccolti hanno favorito la prosperità del mondo allora conosciuto e l'incremento demografico ne fu la naturale conseguenza.

Anche gli scambi commerciali ne beneficiarono, raggiungendo le estreme regioni asiatiche. Tutto questo fu indubbiamente favorito da quell'incremento di 1,5-2 gradi, che oggi viene paventato come foriero di sventure e portatore di effetti catastrofici sul genere umano.

D'altronde, come avrebbe fatto Annibale a superare le Alpi con trentasette elefanti nel 218 a.C. in pieno inverno e a impegnarli in battaglia sul fiume Trebbia, se l'assenza di ghiacci e la scarsa neve non lo avessero consentito? La stessa parola ghiacciaio e del tutto assente nel latino letterario. La parola *Glaciarium* è apparsa come termine del *volgare latinao* solo dopo il VI secolo d.C., quando le temperature iniziarono a calare preannunciando l'arrivo della Piccola Glaciazione Tardo Antica (536-640).

Eloquente è il titolo di un reportage dell'ANSA del 17 luglio 2020: «*Il Mediterraneo "bollente" al tempo dell'Impero Romano*», di cui riportiamo uno stralcio[2].

> «*Il mar Mediterraneo ha vissuto una fase di eccezionale riscaldamento al tempo dell'Impero Romano: le temperature superficiali avrebbero addirittura superato di due gradi i valori medi registrati alla fine del XX secolo, rendendo il periodo romano come il più "bollente" degli ultimi 2.000 anni*»

L'articolo dell'Agenzia stampa fa riferimento a uno studio del CNR (*Consiglio Nazionale delle Ricerche*), realizzato in collaborazione con l'Università di Barcellona nelle acque del Mediterraneo e pubblicato sulla rivista *Scientific Reports*.

I ricercatori, a bordo della nave oceanografica *Urania*, hanno effettuato una serie di carotaggi sui fondali marini che hanno permesso di "*ricostruire le variazioni delle temperature superficiali del mare negli ultimi cinque millenni*". Nel comunicato stampa del 17 luglio 2020, il CNR afferma:

> «*Questo nuovo dato è stato integrato da quelli provenienti da altre aree del Mediterraneo - mare di Alboran, bacino di Minorca e mar Egeo - per far emergere lo scenario complessivo e confermare che il periodo romano è stato il periodo più caldo dell'intero bacino negli ultimi 2000 anni: le temperature superficiali del mare erano circa 2°C in più rispetto ai valori medi della fine del XX secolo d.C.*»

---

(2) https://www.ansa.it/canale_scienza_tecnica/notizie/terra_poli/2020/07/17/il-mediterraneo-bollente-al-tempo-dellimpero-romano_9fa5f8ae-b1a6-450c-ace4-17aafce4b3de.html

Seppur a malincuore, i sostenitori dell'origine antropica del cambiamento climatico sono costretti ad ammettere che le cause che hanno portato a questo riscaldamento sono naturali, e che fanno parte delle cicliche variazioni climatiche della Terra. Si affrettano, però, a obiettare che il Caldo Romano sarebbe limitato all'area mediterranea e Nordatlantica e che, pertanto, non avrebbe avuto alcuna incidenza a livello generale. Quando invece i rilevamenti oceanici hanno confermato l'estensione globale del riscaldamento avvenuto in epoca Romana.

Tutto il mondo allora conosciuto ruotava attorno a Roma, di cui abbiamo abbondanza di testimonianze scientifiche, storiche e letterarie. Di quello che avveniva nel resto del Globo sappiamo poco o nulla, per cui, se questi opinionisti ritengono che nella restante parte di Pianeta le temperature fossero rimaste invariate, se ne hanno le prove, che le rendano pubbliche.

I cambiamenti climatici causati da fattori astronomici e astrofisici hanno effetto su tutto il Pianeta e non su una sola parte, quella che conosciamo. Affermare che sono stati fenomeni regionali è a dir poco una sciocchezza, come quella pubblicata sul Corriere della Sera del 12 aprile 2020 dal titolo *"Le bufale storiche sul cambiamento climatico"*:

> *«Gli ottimi climatici del passato non sono in alcun modo paragonabili al surriscaldamento globale in corso, che, per potenza ed estensione, rappresenta un unicum nella storia dell'umanità»*

In sostanza il quotidiano milanese, a sostegno della tesi del cambiamento climatico causato dall'uomo e forzando la mano su episodi storici citati a sproposito, vorrebbe farci credere che l'attuale fase di riscaldamento, per la sua portata ed estensione, sarebbe un fenomeno unico nella storia della Terra. Quando invece, la scienza ci dice che i precedenti periodi caldi erano caratterizzati da temperature ben superiori di quelle attuali. Poi, è chiaro che ogni situazione che si ripete nel tempo ha le sue caratteristiche e può rappresentare un *"unicum"*.

Altra argomentazione portata a sostengo della tesi antropica riguarda il tempo del riscaldamento in corso che, affermano i profeti di sventura:

> «A causa delle emissioni di CO_2 prodotte dall'uomo, ha assunto una velocità impressionante e mai riscontrata in passato»

Innanzi tutto, per poter stabilire sia l'entità che la velocità della variazione climatica in atto, dovemmo aspettare la fine di questo *Periodo Interglaciale* che oggi non siamo assolutamente in grado di prevedere: potrebbe essere l'inizio di un fenomeno destinato a incrementarsi nel lungo periodo o, più probabilmente, una oscillazione in linea con quanto già avvenuto più volte in passato.

In secondo luogo, limitarsi ad osservare l'incremento di temperatura degli ultimi 100/150 anni, quando i periodi climatici durano millenni se non addirittura milioni di anni, dimostra come i dati scientifici sono a volte letti e interpretati con lo scopo di avvalorare una tesi preconcetta.

Piccola Glaciazione Tardoantica (536-640)

Profondi cambiamenti climatici possono avvenire anche per cause interne al Pianeta Terra.

Tre grandi eruzioni vulcaniche, avvenute tra il 536 e il 547 causarono un raffreddamento dell'emisfero settentrionale senza precedenti, durato oltre un secolo, chiamata *Piccola Era Glaciale Tardo Antica*.

Le conseguenze sulla popolazione mondiale di quello che viene definito *"inverno vulcanico"* furono spaventose. Le temperature medie durante l'estate del 536, scesero repentinamente con punte di -2,5°C che si mantennero nei dieci anni successivi, i più freddi mai registrati nei precedenti duemila e trecento anni, con ripercussioni sui raccolti in Europa e perfino in Cina, dove si registrò un drastico calo della produzione agricola.

L'effetto di queste potentissime esplosioni vulcaniche fu la formazione nell'atmosfera di una sorta di nebbia carica di sostanze contenenti zolfo e altri composti, quali l'*Ossidiana* (un mineraloide di colore scuro ricco di feldspato e quarzo, detto anche *vetro vulcanico*), che avvolse l'Europa e il Medio Oriente, spingendosi nelle regioni atlantiche e oscurando il cielo alla luce solare.

Le particelle vulcaniche, particolarmente stabili, dopo aver vagato a lungo nell'atmosfera sono poi ricadute al suolo, dove sono state intrappolate nei ghiacciai. Siamo venuti a conoscenza di questa glaciazione grazie ai carotaggi dei ghiacci polari e dei fondali marini, come quelli eseguiti nel 2005 dall'*Istituto di Scienze Marine* (ISMAR) del CNR in Antartide, nel Mare di Ross e nell'Oceano Antartico.

Periodo Caldo Medievale (950-1250)

Nel corso dell'Alto Medioevo, si verificò un periodo di forte riscaldamento, che i climatologi chiamano il *"Periodo Caldo Medievale"*, in cui la temperatura media si attestò su valori di uno/due gradi superiori a quelli attuali, come già successo in epoca Romana.

Questo periodo di caldo eccezionale coincide con una forte ripresa delle attività umane, favorite dal clima particolarmente mite. I raccolti erano abbondanti, grazie anche all'introduzione di nuove tecniche come la rotazione triennale delle colture e l'invenzione dell'aratro pesante, uno strumento che ha rivoluzionato il modo di fare agricoltura.

Il commercio, soprattutto nelle città portuali, era fiorente. Anche la cultura trasse beneficio da quel clima fecondo con la fondazione delle prime università: in Francia a Parigi (1150), in Inghilterra a Oxford (1167), in Italia a Bologna (1088) e Salerno (1168), in Spagna a Salamanca (1218) che gettarono le basi del Rinascimento.

Una testimonianza storica del Caldo Medioevale ci viene dalla Groenlandia, la più estesa isola della Terra, situata nell'estremo nord dell'Oceano Atlantico tra il Canada e l'Islandia, appartenente al Regno di Danimarca.

Figura 8.3. Gran parte della Groenlandia è situata all'interno del Circolo Polare Artico.

Gran parte della sua superficie è oggi ricoperta da una calotta glaciale, chiamata *Inlandsis*, che nelle aree più interne può raggiungere lo spessore di 3mila metri.

Sferzata dai venti gelidi provenienti dal Polo Nord, in Groenlandia durante l'inverno la temperatura può scendere sotto i 50 °C.

Solo lungo le coste centro-meridionali dell'isola, dove si trovano gli insediamenti abitativi, le temperature estive riescono a raggiungere valori, seppur di poco, sopra lo zero, grazie anche alle ultime propaggini della Corrente del Golfo che dal golfo del Messico trasporta acqua calda tropicale verso il nord dell'Atlantico.

All'interno dell'isola le temperature si mantengono invece costantemente sotto zero. In queste condizioni proibitive le uniche coltivazioni possibili sono principalmente patate e cavoli. Ma non è sempre stato così.

Fra il 982 e il 985, l'esploratore vichingo di origini norvegesi Erik Thorvaldsson, noto come *Erik il Rosso,* condannato all'esilio per un omicidio commesso in Islanda, approdò sulla costa meridionale di una nuova terra che ai suoi occhi apparve verde e rigogliosa: decise di chiamarla *Greenland* (Terra verde). Non si può escludere che Erik con quel nome avesse voluto enfatizzare la bellezza di quei luoghi per attirare, al suo rientro in Islanda, terminata la sua condanna, giovani volenterosi che lo aiutassero a colonizzare quelle promettenti lande inesplorate e disabitate (quando Erik il Rosso arrivò in Groenlandia, gli abitanti originari dell'isola, gli *Inuit*, pare si fossero estinti nel corso della precedente glaciazione).

Nel giro di una decina di anni furono fondati villaggi e costruite centinaia di fattorie (almeno seicento). I mari liberi dal ghiaccio per gran parte dell'anno favorirono la navigazione. La popolazione crebbe fino a raggiungere le 10mila unità.

Anche nel resto dell'Europa, grazie alla migliorata resa agricola favorita dalle alte temperature, si registrò un importante incremento demografico, da 40 a 60 milioni di abitanti.

In sostanza, oggi sarebbe quasi impossibile vivere in Groenlandia nelle stesse condizioni in cui i Vichinghi riuscirono a prosperare con le loro fattorie e loro villaggi circondati da fitte foreste, e grazie ai mari liberi dal ghiaccio per gran parte dell'anno.

Il sostentamento dei coloni proveniva dalla pesca e dalla tradizionale produzione di cereali, ma anche dalla coltivazione di grano, mais e orzo, testimonianza questa, di un clima molto più caldo e prolungato di quello attuale[3].

Il mais, in particolare, ha bisogno di una lunga stagione calda per consentire la crescita e la maturazione dei semi per la successiva stagione. Condizione oggi sfavorevole, anche se il cambiamento climatico in atto sta manifestando i suoi effetti positivi per l'agricoltura. Ad esempio nel 2017 in Alaska la produzione di orzo ha visto un forte incremento rispetto agli anni precedenti.

Peter Steen Henriksen, archeobotanico presso la sezione di Archeologia Ambientale del Museo Nazionale di Copenaghen, nel corso di due spedizioni in Groenlandia, nel 2010 e nel 2011, per cercare tracce delle forme di agricoltura praticate nella parte meridionale dell'isola dai Vichinghi, fece una sensazionale scoperta. Nei pressi di un insediamento rurale, Henriksen e i suoi trovarono i resti ben conservati di un cumulo di rifiuti vegetali che contenevano dei pezzi molto piccoli di chicchi di orzo carbonizzati.

_____

(3) *https://www.osservatorioartico.it/agricoltura-polare-autosufficienza-alimentare/*

«Il campione che abbiamo prelevato dallo strato inferiore di un mucchio conteneva chicchi di orzo. I chicchi erano stati vicini a un fuoco ed erano carbonizzati, il che li ha preservati»

Afferma il ricercatore danese, che esclude anche che i cereali fossero importati, poiché seppur piccole quantità di grano sarebbero state troppe per la stiva delle navi vichinghe.

Quella che inizialmente era considerata una semplice ipotesi, basata sul ritrovamento di polline imprigionato nei ghiacci, è ora realtà. La scoperta rappresenta la prova definitiva che i primi vichinghi a vivere in Groenlandia coltivavano orzo e mais per produrre birra e farina per il pane, gli alimenti base della loro dieta. Questo significa che le condizioni climatiche in Groenlandia al tempo di Erik il Rosso erano tali da consentire coltivazioni possibili solo con temperature più elevate di quelle attuali[4].

In Europa, negli stessi secoli, sulle Alpi le coltivazioni si estesero oltre i quattrocento metri, il limite delle nevi perenni si alzò di oltre i duecento metri e quello della vegetazione arborea raggiunse i 2mila metri. Nel gennaio 1187 a Strasburgo, cosa mai accaduta nel passato e impensabile oggi, fiorirono gli alberi. Non mancarono gli inverni freddi, ma furono estremamente rari. Grazie all'aumento delle aree coltivabili dovute al clima favorevole, la popolazione dell'Europa aumentò fino a quadruplicare.

Quando, quattro secoli più tardi la Groenlandia piombò nella Piccola Era Glaciale, dei Vichinghi si perse ogni traccia (l'ultima fonte scritta della loro presenza nell'isola risale al 1408).

---

(4) *I vichinghi coltivavano l'orzo in Groenlandia (sciencenordic.com). Vedi anche Meteo.it: "E' confermato: i Vichinghi coltivavano grano in Groenlandia!".*

La ricerca di nuove terre fertili continuò con Leif Erikson, il figlio di Erik il Rosso, che attraversò il Mare del Labrador per avventurarsi nel continente Nordamericano e approdare sulle coste settentrionali dell'isola di Terranova in Canada che chiamò "*Vinland*" (Terra del vino o della vite), per la diffusione dei vigneti selvatici che crescevano rigogliosi grazie al clima favorevole.

Oggi, il clima di Terranova è caratterizzato da inverni gelidi e nevosi con temperature che scendono fino a -30 °C nelle zone interne. Nei mesi primaverili si assiste al passaggio di grandi iceberg spinti dalla *corrente del Labrador,* uno di questi, la notte tra il 14 e il 15 aprile del 1912, causò l'affondamento del Titanic, il "*re degli oceani*".

Terranova è stato anche il luogo dove Guglielmo Marconi fece il famoso esperimento di trasmissione radio transatlantica. Nel 1901 dalla stazione ricevente di Saint John's, capitale della provincia di Terranova e Labrador, in un alto punto dell'isola, poi chiamato "*collina del segnale*", fu captata la radiofrequenza trasmessa da un'antenna fissata su un aquilone e innalzato a 120 metri di altezza in Cornovaglia, sulla costa atlantica dell'Inghilterra.

Le spighe di grano della Groenlandia e le viti di Terranova, sono segni evidenti di una situazione climatica più calda di quella attuale, e dimostrano come una temperatura media di uno o anche di due gradi più elevata rispetto a oggi può, a dispetto dei catastrofisti che prevedono carestie a non finire, favorire lo sviluppo dell'agricoltura e più in generale, come già accaduto durante il periodo caldo Romano, stimolare le attività umane con conseguente incremento demografico.

Piccola Era Glaciale (1303-1850)

Dopo il caldo medievale, all'inizio del 1300 le temperature iniziarono a calare: il mondo stava entrando in una nuova fase fredda chiamata *Piccola Era Glaciale*. Le temperature calarono gradualmente, soprattutto nell'emisfero australe, attestandosi mediamente su una media inferiore di quattro gradi rispetto a oggi, che provocò un avanzamento dei ghiacciai ai Poli e nelle principali catene montuose. Il picco di temperature basse fu raggiunto tra il 1500 e il 1700.

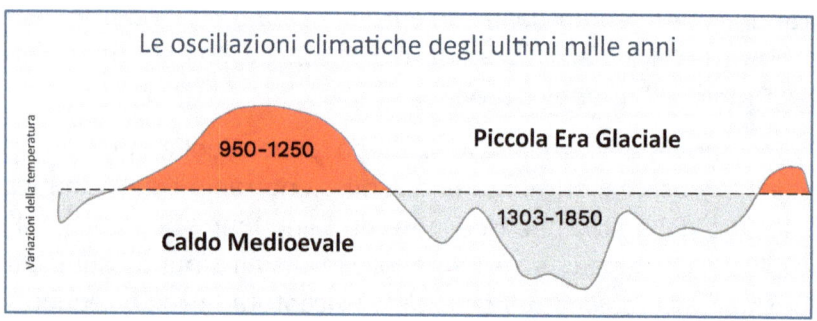

Figura 8.4. *Variazioni climatiche ultimi mille anni. Fonte: Modifica da IPCC-WMO – 1990.*

Riguardo le date, mentre sulla conclusione della Piccola Era Glaciale gli studiosi sono concordi, fisandola tra il 1850 e il 1900, sulla data d'inizio vi sono incertezze dovute principalmente alla differenza di estensione degli oceani tra i due emisferi, maggiore nell'emisfero australe (meridionale) e minore in quello boreale (settentrionale).

L'oceano ha un'elevata capacità di assorbire l'energia termica che viene rilasciata quando la temperatura superficiale diminuisce. Questo ha permesso nell'emisfero australe di mitigare l'effetto del raffreddamento globale e di spostare in avanti di uno/due secoli, rispetto al resto del mondo, la data d'inizio della Piccola Era Glaciale.

Durante questo periodo il Tamigi di Londra in inverno era sempre profondamente ghiacciato, a tal punto che sulla sua solida superficie si organizzavano le *"Fiere del ghiaccio"* (Thames Frost Fair), come testimoniano numerose stampe del 1600. Fu addirittura attraversato da un elefante, come riferisce un articolo del *Morning Post*.

Figura 8.5. *Fiera del ghiaccio lungo il Tamigi in un'immagine del 1683.*

In Italia, a Venezia nei mesi invernali si pattinava tranquillamente sulla laguna ghiacciata, mentre il Tevere, cosa impensabile ai giorni nostri, pare sia gelato almeno in due occasioni.

Figura 8.6. *Pattinatori sulla Laguna di Venezia, autore ignoto 1708-1709. Fondazione Querini- Stampalia Venezia.*

Le cronache dell'epoca ci riportano fatti e testimonianze che ci fanno comprendere come il freddo intenso di quegli anni abbia modificato l'aspetto della natura e condizionato la vita delle persone. Scrisse il teologo svizzero Heinrich Bullinger nel 1570:

«La primavera quest'anno sembra come l'inverno, fredda e umida, il vino sboccia in modo terribile e il raccolto è pessimo»

Nel 1658, il freddo polare raggiunse il mare del nord e congelò lo stretto di Danimarca, ne approfittò la Svezia che, con un intero esercito, invase la nazione scandinava attraversando a piedi il tratto di mare congelato. In precedenza, nel 1407, avvenne un fatto singolare, alla mattina gli studenti nelle scuole e gli impiegati negli uffici trovarono i calamai congelati dal freddo intenso della notte.

In Francia divenne più pratico vendere il vino a blocchi congelati e tagliati con la scure per evitare che nella sua forma liquida, congelandosi, frantumasse la bottiglia di vetro in cui era contenuto. Tra le classi agiate e nobiliari in Francia come in Inghilterra, si diffuse la moda dei parrucconi, che oltre a essere un simbolo distintivo, permetteva di proteggere la testa dal freddo, oltre che per nascondere i capelli unti (l'igiene personale, in quel periodo, lasciava molto a desiderare). La sera, chi se lo poteva permettere, si coricava in un letto inserito in un armadio finemente intagliato e chiuso da due ante.

Un altro picco di temperatura bassa avvenne nel 1709 e colpì duramente anche l'Europa centrale e mediterranea, fino ad allora parzialmente risparmiate dal freddo polare. Tutti i fiumi e i laghi, e perfino il mare vicino alle coste, gelarono. I porti di Marsiglia, Genova, Venezia e Livorno si bloccarono a causa del ghiaccio profondo che impedì le normali attività portuali.

Del freddo gelido, ne risentì pesantemente la salute e la qualità della vita delle persone, ridotte a causa della scarsità di cibo. La poca esposizione al sole delle persone, provocò un aumento delle patologie legate alla carenza di vitamina D.

Anche la religione ci mise del suo per rendere ancora più angusta la vita delle persone. La Chiesa interpretò sia le condizioni estreme del clima sia l'epidemia di *Peste Nera* del 1348 e quella la *Peste Bubbonica* del 1600 come una punizione divina. La colpa fu attribuita dai fanatici religiosi alle streghe che, soprattutto nelle regioni a maggioranza protestante (Germania e Svizzera), mandarono al rogo migliaia di donne.

Paradossalmente, ci fu anche chi beneficiò di questa persistente ondata di gelo. È il caso dell'Olanda che, nonostante sia stata anch'essa duramente colpita dai rigori del clima, seppe approfittare del freddo intenso che spingeva verso Sud i pesci in cerca di acque più ospitali. L'insperata abbondanza di aringhe e merluzzi nei loro mari, permise ai Paesi Bassi di incrementare a dismisura il commercio ittico e di trarne enormi profitti che vennero utilizzati per costruire una grande marina mercantile. I suoi porti s'imposero presto come i principali snodi per lo smercio in tutta Europa, non solo del pesce essiccato, ma anche delle granaglie provenienti dalle regioni baltiche e ucraine. Nel corso degli anni, gli olandesi si estesero sui mercati d'oriente, ricchi di spezie, porcellane e seta, fino ad allora controllati da spagnoli e portoghesi. Al culmine della sua potenza, la marina mercantile olandese, con la sua Compagnia delle Indie, superò per tonnellaggio tutte le marine europee messe insieme.

Tornado al clima, il 1816 passò alla storia come l'anno senza estate. Fu il colpo di coda del grande gelo medioevale. Alcune forti eruzioni vulcaniche, compresa quella del Tambora dell'anno prima, contribuirono a ridurre ulteriormente le temperature, attraverso la formazione nella stratosfera di nubi di aerosol che ostacolarono il passaggio delle radiazioni solari.

All'origine della Piccola Era Glaciale troviamo una combinazione di eventi naturali e astronomici. Uno di questi, forse il principale, è riconducibile alla ciclicità delle variazioni climatiche causata da fattori astronomici, cui si sono aggiunti una marcata riduzione della *Circolazione Termoalina,* che ha limitato il trasporto di energia termica dalle regioni tropicali a quelle atlantiche, e l'intensa attività vulcanica.

Un'altra causa, che tuttavia riteniamo sovrastimata, riguarda il fenomeno delle macchie solari, che durante questo periodo sono quasi del tutto scomparse. Lo scostamento termico è stato attorno allo 0,1/0,2% del totale dell'energia prodotta dal Sole. Troppo poco, a nostro avviso, per aver influito significativamente sul crollo delle temperature della Piccola Era Glaciale.

Periodo Caldo Moderno

Secondo Copernicus, il programma di osservazione satellitare dell'Unione Europea, la temperatura media globale del mese di giugno 2023 ha fatto registrare un'anomalia (termine che indica uno scostamento dalla media) di 0,5 C° superiore al periodo 1991-2020.

Se c'è un punto su cui tutti gli scienziati concordano, compresi quelli definiti impropriamente negazionisti, è sull'evidente fase di riscaldamento che stiamo attraversando.

Dove invece le posizioni divergono è sull'origine del fenomeno: naturale o antropica? E l'incremento della CO_2 è la causa o l'effetto del riscaldamento globale? Sulla risposta data a queste domande si gioca il futuro economico e sociale del mondo occidentale.

Invece nella parte orientale del Globo, soprattutto in Cina, il dilemma non si pone, o meglio, non interessa per l'aspetto ambientale essendo i cinesi i maggiori inquinatori al mondo (seguiti da Stati Uniti e India), mentre interessa tanto, anzi tantissimo, sotto il profilo economico. La Cina, infatti, detiene il monopolio assoluto della tecnologia cosiddetta *Green*: eolico, fotovoltaico e batterie al litio per le auto elettriche, oltre ad avere il controllo in Africa delle miniere da cui si estraggono gli elementi indispensabili per produrre circuiti elettronici: Litio, Terre Rare, Coltan (Tantalio e Niobio).

Insomma, mentre noi viviamo con il fiato sospeso per le sorti del Pianeta e dell'Umanità e i nostri giovani sono afflitti dall'ecoansia, altrove si strofinano le mani.

Capitolo 9

L'Effetto Serra

Dalla natura si pretende una stabilità che non esiste

S e in pieno luglio lasciamo la macchina esposta al sole con i finestrini alzati, la temperatura all'interno dell'abitacolo sale, ben oltre quella dell'ambiente circostante. Se li abbassiamo la temperatura scende uniformandosi a quella esterna. Lo stesso fenomeno avviene nelle serre.

Questo succede perché l'energia solare si propaga nell'aria con differenti lunghezze d'onda (frequenze), alcune di queste attraversano il vetro in entrambe le direzioni, altre solo in ingresso.

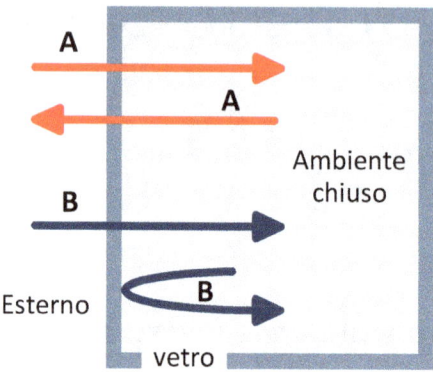

Figura 9.1. *Propagazione energia solare attraverso il vetro di un ambiente chiuso.*

La Terra riceve dal Sole una grande quantità di energia sotto forma di radiazione solare. Una parte è riflessa dall'atmosfera e torna nello spazio (30%), un'altra parte è catturata e immagazzinata sempre dall'atmosfera (20%), il resto (50%) supera la barriera atmosferica, giunge al suolo ed è convertita in energia termica.

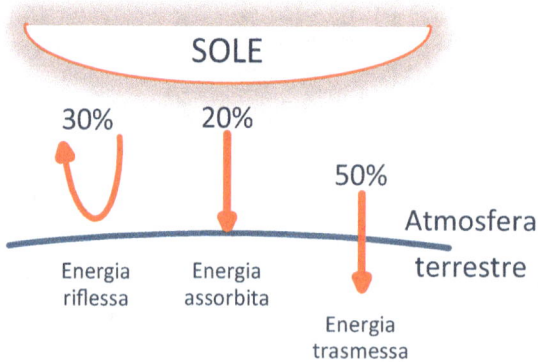

Figura 9.2. *Energia solare che colpisce l'atmosfera*

Di questo calore, metà è assorbita dai continenti e dagli oceani che la rilasciano lentamente, e l'altra metà è riflessa dalle superfici chiare (ghiacci, neve, deserti) e, superata l'atmosfera, si disperde nello spazio, tranne una piccola parte, circa il 5%, che viene respinta dall'atmosfera e torna sulla superficie terrestre.

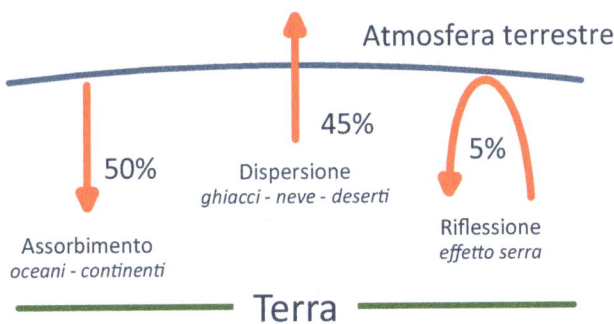

Figura 9.3. *Calore ritrasmesso dalla Terra*

L'atmosfera svolge quindi un doppio ruolo: da un lato evita il surriscaldamento del Pianeta, dall'altro impedisce la dispersione del calore nello spazio. L'azione regolatrice è svolta dai gas a effetto serra.

I gas serra sono quindi indispensabili per mantenere costante la temperatura della Terra che altrimenti sarebbe più bassa di 33 gradi, passando dagli attuali 15°C a -18°C. Si dividono in due categorie, quelli di origine naturale (vapore acqueo, anidride carbonica, metano e ossido di azoto) e quelli di origine sintetica: i clorofluorocarburi, responsabili, fra l'altro, del cosiddetto buco dell'ozono.

Il paradigma corrente attribuisce ai gas serra prodotti dalle attività umane, in particolare metano e anidride carbonica, la causa dell'incremento della temperatura media globale. Una teoria suggestiva, che tuttavia non tiene conto di alcuni aspetti fondamentali che adesso vediamo.

Prima, però, una precisazione: i divulgatori scientifici per semplificare il concetto di effetto serra ricorrono spesso alla metafora della coperta che avvolge la Terra o, addirittura, a quella della pellicola di plastica che impedisce al calore di disperdersi nello lo spazio provocando il surriscaldamento del Pianeta: una chiara forzatura interpretativa. Se proprio vogliamo fare un paragone, sarebbe più aderente alla realtà quello con una rete a maglie larghe, formata da piccolissime molecole gassose che si disperdono nello spazio.

Metano (CH$_4$)

Anche il metano è finito sul banco degli imputati con l'accusa di contribuire all'aumento dell'effetto serra. Al riguardo l'Agenzia governativa statunitense NOAA lancia l'allarme:

«Nel 2023 la concentrazione di metano in atmosfera è aumentata di 13 ppb (parti per miliardo)»

passando dalle 1920ppb dell'Ottobre 2022 alle 1933ppb dell'Ottobre 2023[1], con una crescita di 13ppb. Detta così, la preoccupazione appare più che giustificata.

Proviamo invece a vederla in altro modo. Calcoliamo la stessa variazione non in valore assoluto, ma in percentuale sul totale atmosferico, considerato che il metano è presente con una percentuale dello 0,0002%, e scopriamo che queste 13 parti per miliardo altro non sono che un incremento dello... 0,0000013%. Tanto clamore per nulla.

---

(1) *Dati aggiornati al 5 febbraio 2024. Fonte: https://gml.noaa.gov/ccgg/ trends_ch4/*

La messa al bando europea di bovini e suini

Negli ultimi anni l'Unione Europea ha varato una serie di norme per ridurre gli allevamenti di mucche e maiali perché con le loro deiezioni:

> *«Producono metano e fanno*
> *aumentare il riscaldamento globale»*

Una tesi totalmente priva di fondamento scientifico.

La concentrazione media di metano in atmosfera è, come abbiamo visto, pari allo 0,0002% di tutti i gas presenti (~1,9 ppm, NOAA, 2023). Basterebbe già questo dato a ridimensionare il dibattito, ma andiamo oltre.

Secondo le stime riportate dall'IPCC, la quota attribuibile agli allevamenti bovini e suini rappresenta circa il 27% delle emissioni antropogeniche globali di metano (IPCC, AR6, 2021, valori medi periodo 2008-2017). In altri termini: il metano prodotto da mucche e maiali equivale a circa lo 0,00005% dell'intera atmosfera terrestre. Praticamente nulla, una manciata di molecole disperse in un volume immenso come quello atmosferico. Di fronte a questo dato incontestabile cosa rispondono i sostenitori della teoria antropogenica?

> *«Il metano possiede un potere climalterante superiore a*
> *quello di molti altri gas per via della sua maggiore*
> *permanenza in atmosfera»*

Vero, peccato che la sua esigua quantità rende questa potenzialità del tutto irrilevante ai fini pratici. Come un generale senza esercito.

Carne sintetica, il cibo del futuro?

Ma vi è un'ulteriore finalità, questa volta mascherata da motivazioni etiche condivisibili (evitare la sofferenza e lo sfruttamento degli animali negli allevamenti intensivi), ed è quella di favorire la diffusione della carne sintetica, eufemisticamente definita *"carne coltivata"* (come se crescesse nei campi).

Viene presentata come il cibo del futuro che permetterebbe di debellare la fame nel mondo e di proteggere l'ambiente, oltre a porre fine alla crudeltà verso gli animali. Tutto bene se non fosse che stiamo parlando di un prodotto che non ha nulla di naturale, creato artificialmente in laboratori chimici attraverso un procedimento di pura manipolazione genetica, che partendo da una cellula staminale prelevata da feti animali abortiti permette di ottenere carne, e ora anche pesce[2].

La sintesi avviene all'interno di potenti bioreattori dove si fa largo uso di enzimi e ormoni della crescita per accelerare un processo, la divisione cellullare, che altrimenti avverrebbe in anni. Nel contempo, grazie all'ingegneria genetica, si riesce a dare a questo ammasso di cellule indifferenziate l'aspetto, la consistenza, il sapore e perfino l'odore della carne o del pesce. Di fatto è tutta chimica e genetica allo stato puro. Ma non è ancora finita.

La produzione di carne sintetica avviene in laboratori teoricamente sterili, ma per quanto possano essere osservate le più rigide procedure igienico-sanitarie è impossibile escludere la presenza nell'ambiente di elementi contaminanti.

---

(2) Fonte: *https://www.corrieredelleconomia.it/2022/08/31/dopo-la-carne-arriva -anche-il-pesce-sintetico-creato-in-laboratorio/*

Per evitare pericolose proliferazioni che metterebbero a rischio l'intera produzione, è perfettamente normale che si utilizzino antibiotici e antivirali, non essendo questa "*cosa*" un organismo vivente dotato di sistema immunitario in grado di sviluppare anticorpi per neutralizzare i microorganismi patogeni presenti nell'aria. Anche perché la divisione cellulare avviene in un brodo di coltura ricco di nutrienti, dove anche una minima presenza di patogeni troverebbe terreno fertile per la sua diffusione. Quando invece basterebbe ridurre il consumo di carne a vantaggio di una dieta tendenzialmente vegetariana per superare il problema.

Anidride carbonica (CO_2)

Prima di entrare nel vivo della questione, facciamo un rapido accenno alle caratteristiche chimico-fisiche di questo importante composto, la cui presenza tanto inquieta le anime candide dell'ambientalismo estremo.

L'anidride carbonica, detta anche biossido di carbonio o diossido di carbonio, è una molecola lineare formata da un atomo di carbonio legato a due atomi di ossigeno.

$$O = C = O$$

Figura 9.4. Formula di struttura dell'anidride carbonica.

I doppi legami covalenti rendono questo composto estremamente stabile e poco reattivo. La sua scarsa reattività le permette di rimanere in atmosfera per molto tempo, prima di combinarsi con altri elementi.

Rispetto alle altre sostanze presenti nell'aria, la CO_2 è più densa e ha un peso specifico maggiore, per questo motivo staziona nella parte bassa dell'atmosfera, riducendo ulteriormente la sua incidenza sull'effetto serra. A temperatura e pressione ambiente, la CO_2 si presenta come un gas incolore, inodore e insapore.

Quando la temperatura scende a -78,5 °C e la pressione aumenta, l'anidride carbonica passa direttamente dallo stato gassoso a quello solido (*brinamento*) e si forma il *ghiaccio secco*, un solido cristallino freddo che a temperatura ambiente tende a evaporare senza passare dalla fase liquida (*sublimazione*), a differenza del ghiaccio propriamente detto (H_2O) che segue lo schema classico dei cambiamenti di stato della materia: solido-liquido-gassoso.

Anidride carbonica, la molecola della vita

Un aspetto di grande importanza, spesso volutamente sottaciuto, riguarda il ruolo svolto dall'anidride carbonica nei processi biologici. È proprio grazie a questa piccola molecola, che rappresenta il punto di partenza della catena alimentare, se noi possiamo respirare e nutrirci. In sostanza, se non ci fosse la CO_2, ora criminalizzata, non esisterebbe la vita sul pianeta.

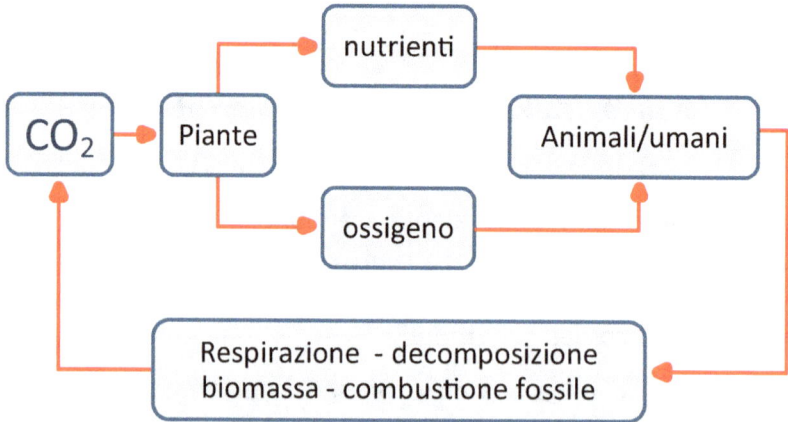

Figura 9.5. *Schema sintetico della catena alimentale.*

Fotosintesi clorofilliana

A sua volta, la catena alimentare è resa possibile da una serie di reazioni biochimiche che permettono alle piante di svilupparsi e di trasformare l'anidride carbonica in ossigeno: la *fotosintesi clorofilliana.*

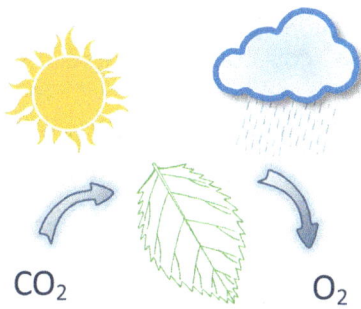

Figura 9.6. *Fotosintesi clorofilliana.*

La fotosintesi avviene nei *cloroplasti*, degli organuli presenti sullo strato superficiale della foglia, o nello stelo verde delle piante, e nelle alghe eucariotiche. I cloroplasti contengono la clorofilla, un pigmento di colore verde capace di assorbire l'energia luminosa e di promuovere la fotosintesi delle sostanze nutritive.

La Clorofilla cattura l'energia solare e la converte in energia chimica che viene utilizzata dalla pianta per produrre carboidrati. Dalle reazioni fotosintetiche si ottiene come prodotto secondario l'ossigeno (la reazione bilanciata è: $6CO_2 + 6H_2O = C_6H_{12}O_6 + 6O_2$).

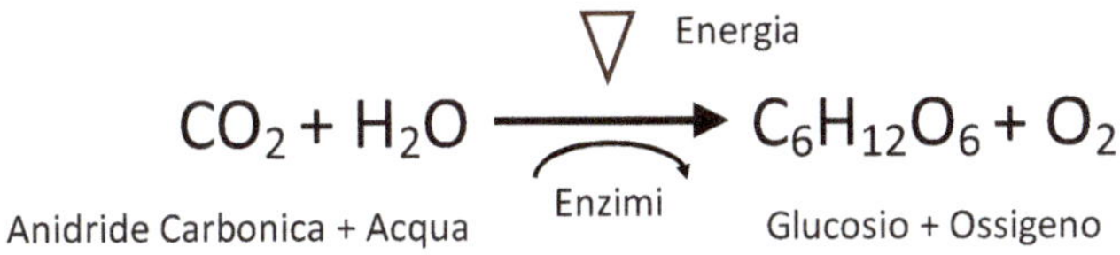

$$CO_2 + H_2O \xrightarrow[\text{Enzimi}]{\text{Energia}} C_6H_{12}O_6 + O_2$$

Anidride Carbonica + Acqua   Glucosio + Ossigeno

Figura 9.7. *Reazione di fotosintesi.*

La fotosintesi clorofilliana avviene in due fasi. La prima produce energia immagazzinata nelle molecole di ATP (*acido adenosintrifosfato*) che si ottiene attraverso una reazione detta *fosforilazione ossidativa*. Ottenuta questa forma "*trasportabile*" di energia, si passa alla seconda fase, quella della trasformazione del carbonio inorganico, presente nella CO_2 dell'aria, in carbonio organico che insieme all'idrogeno ottenuto dall'acqua andrà a costituire le molecole di glucosio, uno zucchero semplice (*monosaccaride*) che troviamo nella cellulosa e nell'amido. La fotosintesi non si limita alla sola produzione di glucosio, ma permette alle piante di ottenere anche proteine, grassi e altri composti come la cellulosa, un polimero del glucosio $(C_6H_{10}O5)n$.

Scendendo nel dettaglio, la prima fase è detta *fase luminosa*, avviene in presenza di luce e serve a catturare le radiazioni solari per immagazzinarle in molecole trasportatrici di energia (ATP e NADPH); la seconda, detta *fase oscura* (perché può avvenire anche in assenza di luce) o *ciclo di Calvin*, serve alla sintesi degli zuccheri.

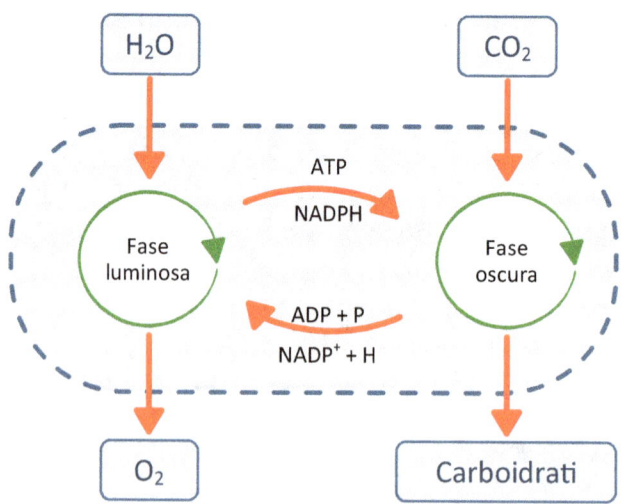

Figura 9.8. *Processo fotosintetico che avviene all'interno dei cloroplasti.*

Quando aumenta la CO_2 aumenta il verde

Nel 2016 la NASA ha diffuso uno studio, pubblicato sulla rivista *Nature Climate Change*, dal titolo "*La fertilizzazione con anidride carbonica rinverdisce la Terra*", che dimostra come l'aumento della concentrazione di CO_2 registrato negli ultimi decenni abbia reso la Terra più verde[3].

Attraverso l'analisi dei dati rilevati dai sistemi satellitari della NASA e della NOAA, un gruppo di 32 studiosi provenienti da otto nazioni ha evidenziato un sensibile inverdimento in circa la metà delle terre emerse. Questo fenomeno è dovuto in gran parte all'aumento dell'anidride carbonica e delle temperature, che hanno favorito la fotosintesi clorofilliana e quindi un maggiore sviluppo della vegetazione.

Durante il Cambriano (541–485 milioni di anni fa) la concentrazione di anidride carbonica atmosferica raggiunse il suo massimo storico, circa 8.000 ppm (oggi è intorno a 420). In quello stesso periodo si verificò una vera e propria esplosione della vita marina, definita non a caso "*esplosione cambriana*", che pose le basi per la comparsa, nel successivo Ordoviciano (485–444 milioni di anni fa), delle prime forme di vita complessa, sia vegetale sia animale, sulla Terra.

In conclusione, preservare e aumentare il verde dovrebbe essere il compito primario di ogni governo, invece avviene il contrario. Tutta l'attenzione è rivolta al contenimento dell'anidride carbonica attraverso scellerate, costose e demagogiche politiche di decarbonizzazione. Eppure costerebbe molto meno avviare un serio programma di rimboschimento e lasciare alla natura il compito di ristabilire un nuovo equilibrio al quale, volenti o nolenti, dovremo adattarci.

---

(3) https://www.nasa.gov/technology/carbon-dioxide-fertilization-greening-earth-study-finds/

Le cause del recente aumento della CO_2

Con l'avvio dell'era industriale sono aumentati i consumi energetici e, poiché gran parte del mondo funzionava a carbone — e oggi principalmente a petrolio e metano — sono cresciute di conseguenza le emissioni di anidride carbonica, ulteriormente incrementate dall'enorme diffusione dei mezzi di trasporto su rotaia, su gomma, degli aerei e delle navi.

Man mano che il progresso avanzava e l'industrializzazione si diffondeva, la necessità di energia aumentava in modo esponenziale, complice anche le guerre, in particolare la Seconda Guerra Mondiale, durante la quale navi, aerei e carri armati, per sei lunghi anni, bruciarono enormi quantità di carburante, immettendo nell'atmosfera altrettanta anidride carbonica.

Le emissioni di CO_2 subirono un significativo incremento anche a seguito dell'aumento della popolazione mondiale, passata da 1,2 miliardi nel 1850 agli attuali 8,3 miliardi. Anche questo fattore va considerato, poiché gli esseri umani, respirando giorno e notte per tutta la vita, producono anidride carbonica, oltre a diffondere calore... e speriamo che a nessuno venga in mente di ridurre la popolazione per contenere le emissioni.

Alla respirazione umana si aggiunge quella animale, soprattutto proveniente dagli allevamenti intensivi, cresciuti a dismisura negli ultimi decenni. Non deve quindi stupire se, per tutti questi motivi, la concentrazione di CO_2 abbia subito una forte accelerazione negli ultimi 150 anni.

L'aumentato della CO_2 è davvero senza precedenti?

I dati paleoclimatici ci permettono di ricostruire, seppur in modo approssimativo, le variazioni di temperatura e di CO_2 avvenute nel passato. Un passato, però, misurato in termini di ere geologiche della durata di milioni di anni e non di poche centinaia di anni. Non possiamo quindi escludere, che per cause diverse da quelle attuali, la composizione dell'atmosfera non abbia subito variazioni analoghe a quelle osservate oggi e che non siano avvenute con la stessa accelerazione e magari in un arco temporale simile.

Rappresentare un fenomeno climatico di ampia portata limitandosi a un ristretto periodo di tempo senza tenere conto di quanto avvenuto in precedenza è una prassi ricorrente usata quando si vuole avvalorare una tesi preconcetta, nel nostro caso la presunta eccezionalità dell'aumento della CO_2 degli ultimi 150 anni. Ma se andiamo indietro nel tempo scopriamo che di eccezionale non vi è proprio nulla. Il grafico sottostante lo mostra chiaramente.

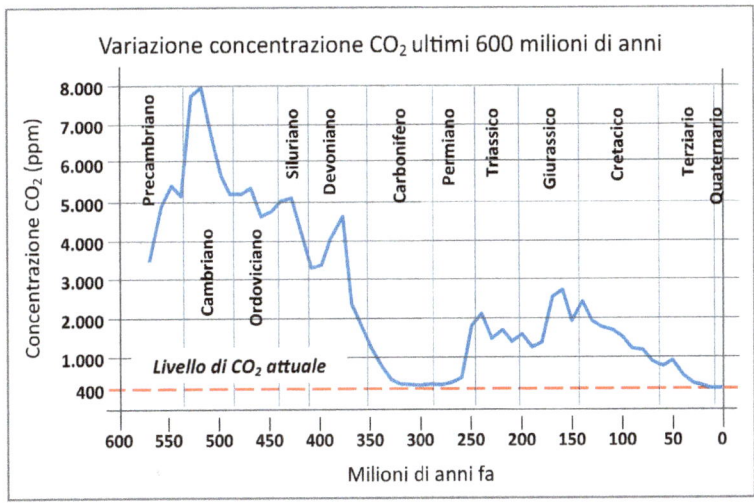

Figura 9.9. Concentrazione CO_2 degli ultimi 600 milioni di anni. Fonte: elaborazione da https://www.votalavita.it/la-co2-loro-del-futuro/

Come si vede, negli ultimi 600 milioni di anni la concentrazione di CO_2 ha subito oscillazioni enormi. Da valori iniziali di circa venti volte superiori a quelli attuali, a un lungo intervallo — tra 350 e 250 milioni di anni fa — in cui, prima di risalire e poi calare di nuovo, si è mantenuta su livelli paragonabili a quelli odierni, avvicinandosi pericolosamente al minimo critico di sopravvivenza del mondo vegetale. Che poi questo periodo di bassa concentrazione, simile al nostro, sia avvenuto in centinaia o milioni di anni è impossibile da stabilire. Pertanto, chi è convinto che l'incremento della CO_2 degli ultimi 150 anni non ha precedenti nella storia lo dimostri.

Quando la CO_2 ha iniziato realmente ad aumentare

L'aumento della concentrazione di anidride carbonica nell'atmosfera, a essere precisi, è iniziato ben prima della rivoluzione industriale, come si può osservare analizzando l'andamento della CO_2 negli ultimi 11.000 anni. Anche se negli ultimi 150 anni ha subito, per i motivi che abbiamo elencato, un significativo incremento.

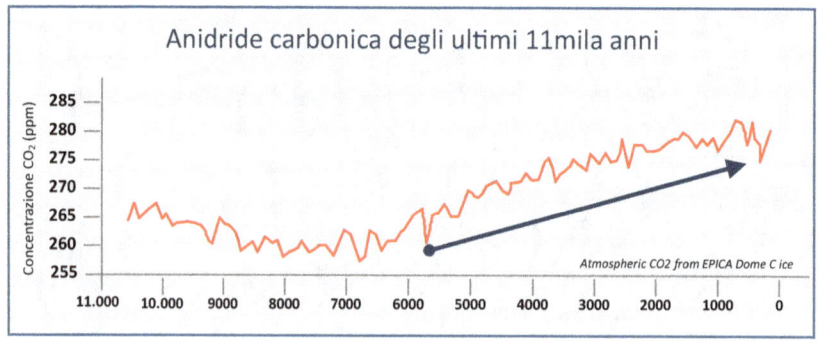

Figura 9.10. *Aumento della concentrazione atmosferica di anidride carbonica degli ultimi 11mila anni. Fonte: elaborazione da NOAA.*

Analizzando il decorso degli ultimi 400mila anni, vediamo inoltre che in più occasioni la temperatura media terrestre ha superato i valori attuali, eppure la concentrazione di anidride carbonica è sempre rimasta nettamente al di sotto dei livelli odierni.

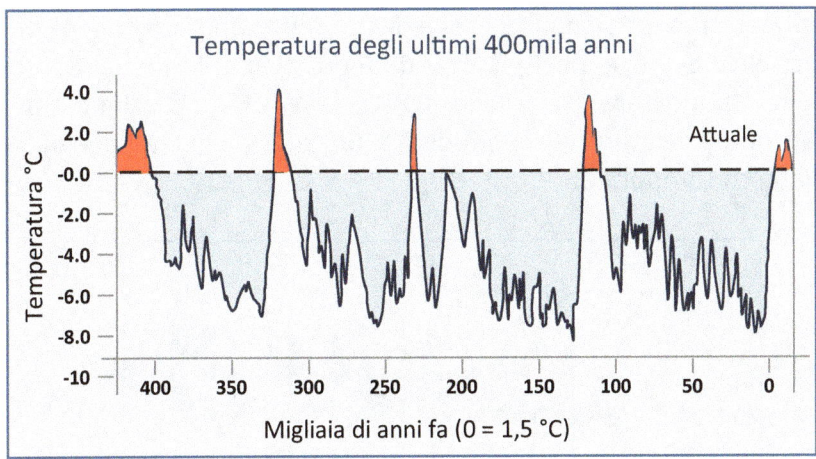

Figura 9.11.1 *Variazioni della temperatura degli ultimi 400mila anni. Fonti: elaborazione da NOAA, dati Antartici e Mauna Loa.*

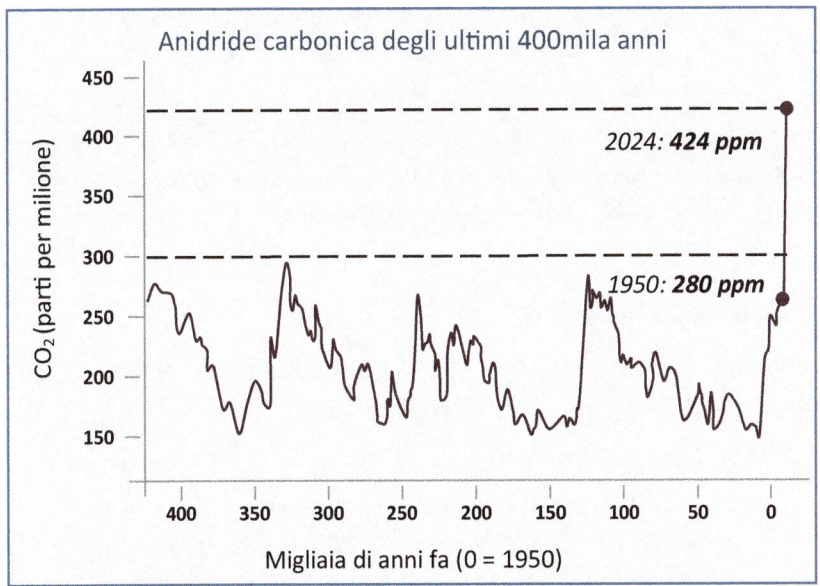

Figura 9.11.2 *Variazioni della concentrazione di anidride carbonica degli ultimi 400mila anni. Fonti: elaborazione da NOAA, dati Antartici e Mauna Loa.*

La temperatura influenza la CO₂, non il contrario

Esiste quindi una correlazione causa-effetto tra i due parametri climatici, nel senso che all'aumento della temperatura corrisponde, per effetto dell'evaporazione dei gas disciolti negli oceani (i più grandi depositi di anidride carbonica dopo l'atmosfera), un incremento della CO_2. Lo dimostra il raffronto relativo al periodo 1960-2023 che evidenzia il distacco temporale.

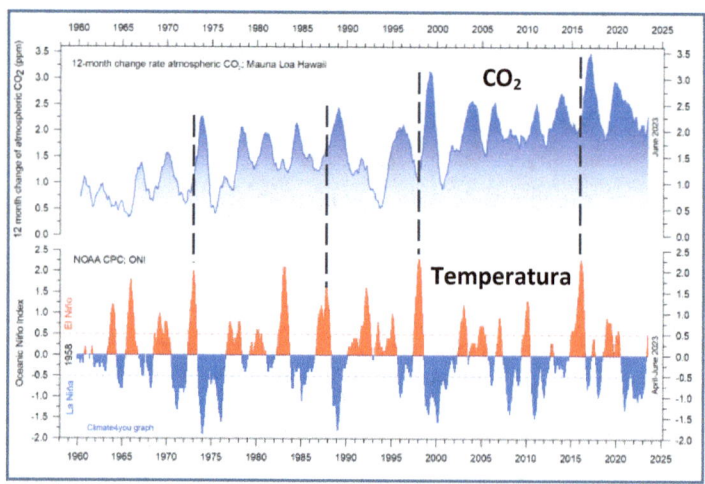

Figura 9.12. l'aumento della temperatura precede sempre quello della CO₂. Fonte: elaborazione da NOAA – Climate4you.

Dati contraddittori

Secondo il bollettino dell'*Organizzazione Meteorologica Mondiale* (WMO) del 15 novembre 2023:

«L'anidride carbonica è il singolo gas serra più importante dell'atmosfera, responsabile di circa il 64% dell'effetto di riscaldamento sul clima, principalmente a causa della combustione di combustibili fossili e della produzione di cemento»

Affermazione alquanto perentoria, salvo poi essere smentita. Riportiamo qui di seguito il titolo di apertura del comunicato dell'ANSA del 28 maggio 2019 che sconfessa i dati diffusi in precedenza dall'IPCC[4].

> «Il contributo dell'anidride carbonica all'effetto serra è solo del 7%, non del 26% (...) l'effetto riscaldante dell'anidride carbonica nel modello climatico IPCC è sovrastimato del 200%»

Insomma, è tutto un balletto di numeri.

Come stanno realmente le cose

Nei rapporti dei principali Enti ufficiali (NOAA, NASA, WMO, GGGW...) sono riportati statistiche, tabelle, grafici e diagrammi tesi a dimostrare che la causa del riscaldamento globale sarebbe l'anidride carbonica. Gli unici dati che raramente sono citati sono quelli relativi alla percentuale di CO_2 presente nell'atmosfera e, in particolare, la quota parte prodotta dalle attività umane.

Come sappiamo, l'anidride carbonica è presente in atmosfera con una percentuale dello 0,04%. La componente antropica, cioè prodotta dalla combustione fossile e dalle lavorazioni industriali, è invece del 4-5%. Riportiamo, al riguardo, il seguente passaggio tratto dalla relazione "*Chimica e ambiente*" del prof. Riccardo Basosi del Dipartimento di Chimica e Centro di Studio dei Sistemi Complessi dell'Università di Siena[5]:

---

(4) https://www.ansa.it/sito/notizie/economia/business_wire/news/2019-05-28_1281936111.html

(5) https://www.consiglio.regione.toscana.it/upload/Pianeta_Galileo/atti/2006/35_basosi.pdf - pagina 468. Vedi anche "Il clima globale cambia, Quanta colpa ha l'uomo?" di Ernesto Pedrocchi, pag. 28 e "Il climatismo" di Mario Giaccio pag. 56.

«Le immissioni di CO2 collegate alle attività umane rappresentano solo il 4% della totalità del gas prodotto in natura»

Togliendo dal totale dei gas presenti in atmosfera la percentuale di anidride carbonica di origine naturale, quella rimanente, riferita alle attività umane, si riduce allo 0,0016%. Un'inezia.

ANIDRIDE CARBONICA	TOTALE	NATURALE	ANTROPICA
	0,04%	0,0384%	0,0016%

Figura 9.13. Anidride carbonica atmosferica.

Vapore acqueo, il vero artefice dell'effetto serra

Vediamo ora quanto incidono ai fine dell'effetto serra l'anidride carbonica e il metano, utilizzando i dati del *Dipartimento dell'energia degli Stati Uniti* (DOE)[6], da cui risulta che il vero artefice dell'effetto serra è l'acqua sotto forma di vapore acqueo (la cosiddetta umidità dell'aria) e la nuvolosità d'alta quota[7].

A seconda degli studi, l'incidenza del vapore acqueo sull'effetto serra varia dal 70 al 98% (tenuto conto della variabilità stagionale).

---

(6) https://daltonsminima.wordpress.com/2009/03/18/quanta-parte-dell%E2% 80%99effetto-serra-e-di-origine-antropica/ - Tabella n. 3.

La percentuale a nostro avviso più attendibile è del 95%, come peraltro indicata nel documento del dipartimento USA. Mentre quelle della CO_2 e del metano sono, rispettivamente, dello 0,117% e 0,066%.

COMPOSIZIONE DEI GAS SERRA				
COMPONENTE		% SUL TOTALE	ORIGINE	
			Naturale	Antropica
Vapore acqueo	H2O	95,000 %	94,99 %	0,001 %
Anidride carbonica	CO2	3,6108 %	3,502 %	**0,117 %**
Metano	CH4	0,360 %	0,294 %	**0,066 %**
Ossido di Azoto	N2O	0,950 %	0,903 %	0,047 %
clorofluorocarburi	CFC	0,072 %	0,025 %	0,28 %
TOTALI		**100,00 %**	**99,72 %**	**0,28 %**

Figura 9.14. Composizione dei gas serra. Fonte: Geocraft[8] – Tabella 4a.

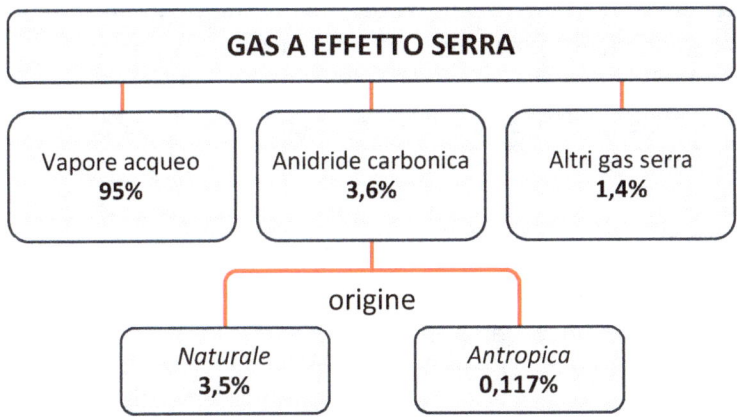

Figura 9.15. Composizione schematica dei gas ad effetto serra.

Per rendersi conto di quanto il vapore acqueo e le nubi, che coprono costantemente più di due terzi del Pianeta, siano determinanti ai fini dell'effetto serra, basta pensare alle zone desertiche dove - a causa dell'assenza di vapore acqueo che trattiene il calore accumulato durante il giorno, la scarsa nuvolosità e la notevole distanza dai mari - l'escursione termica è elevatissima. In alcuni deserti, durante il giorno la temperatura può raggiungere i 60°C (recentemente nel deserto iraniano di Dasht-e Lut si sono toccati picchi di 70°C) mentre di notte può anche scendere sotto lo zero.

Al contrario, alle nostre latitudini la differenza termica tra giorno e notte oltre a essere ridotta, grazie all'effetto serra del vapore acqueo che limita la dispersione del calore del giorno, si riduce ulteriormente quando il cielo è nuvoloso. Lo vediamo in inverno durante le ore diurne che sono meno fredde quando il cielo è coperto.

Riguardo le nuvole, la loro importanza si evidenzia attraverso la minor resa dei moduli fotovoltaici che si riduce drasticamente quando la nuvolosità è particolarmente intensa.

Il vapore acqueo rimane nell'aria per qualche giorno poi condensa e cade al suolo sotto forma di pioggia, ma viene continuamente rigenerato dall'evaporazione dei mari e dei suoli per cui, oltre ad essere in assoluto il maggior responsabile dell'effetto serra, è anche il principale fattore di retroazione positiva (e anche negativa, seppur con minore intensità).

Essendo legato alla temperatura, la sua quantità aumenta a seguito della maggiore evaporazione degli oceani, in tal modo incrementa l'effetto serra che riscalda ancor di più l'atmosfera favorendo altra evaporazione.

---

(7) https://www.geocraft.com/WVFossils/greenhouse_data.html .

Anche l'albedo e gli altri gas svolgono un effetto riscaldante favorendo l'evaporazione dei gas disciolti negli oceani che a loro volta incrementano l'effetto serra e, quindi, la temperatura.

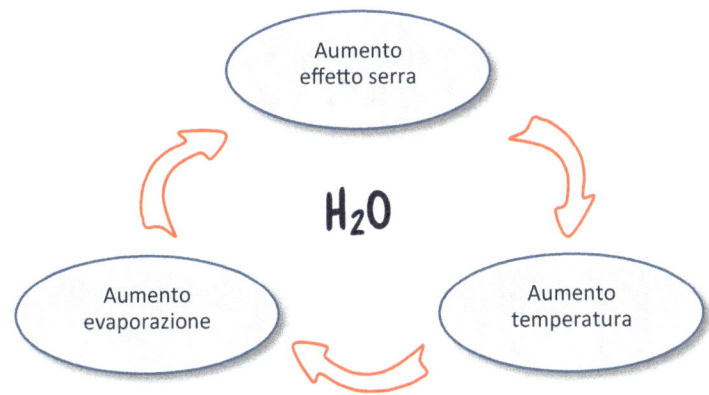

Figura 9.16. *Schema retroazione del vapore acqueo.*

Secondo alcuni modelli, un raddoppio della concentrazione di CO_2 provocherebbe un aumento della temperatura del Pianeta di 1°C o addirittura di 3/4°C, se si considerano gli altri fattori di retroazione. Ipotesi suggestiva, ma distante dalla realtà, che sarebbe credibile se non si trattasse di una concentrazione atmosferica di anidride carbonica dello 0,04%, con un'incidenza della sua componente antropica sull'effetto serra di poco più dello 0,1%. Con queste percentuali è arduo sostenere che l'anidride carbonica possa alterare il clima.

Il vero regolatore dell'effetto serra è, come abbiamo visto, il vapore acqueo e non deve stupire se negli studi pubblicati dalle più autorevoli riviste scientifiche e nei rapporti dell'IPCC viene citato solo raramente. La ragione è facilmente intuibile. Se al vapore acqueo fosse riconosciuta la sua importanza, la narrazione sul ruolo primario dell'anidride carbonica nell'ambito dell'effetto perderebbe credibilità.

Come si può notare, nel seguente grafico dell'IPCC relativo alle cause naturali e antropiche del clima dal 1750 al 2000, manca il vapore acqueo. In questo modo, escludendo l'elemento che maggiormente incide sul processo di formazione dell'effetto serra, si mette in risalto il ruolo marginale dell'anidride carbonica[9].

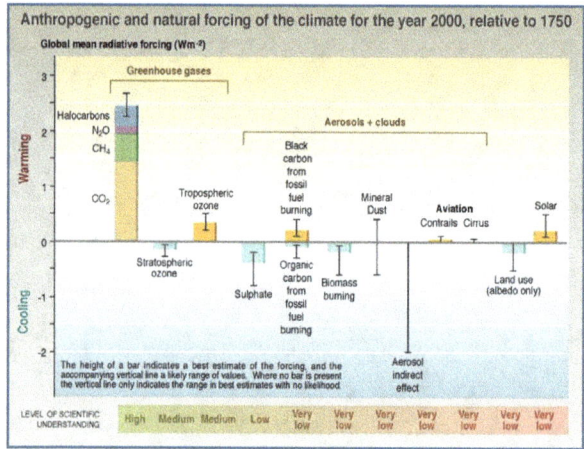

Figura 9.17. *Forzanti climatici. Notare l'assenza del vapore acqueo, in assoluto il maggiore responsabile dell'effetto serra. Fonte: IPCC.*

Quando è iniziato l'aumento della temperatura?

Secondo i sostenitori della teoria antropica, tutto sarebbe iniziato con l'avvio della *Prima Rivoluzione Industriale* (datata per convenzione 1850) che avrebbe causato l'immissione nell'atmosfera di grandi quantità di anidride carbonica, tali da compromettere velocemente il clima.

In realtà l'aumento della temperatura è invece iniziato ben prima dell'avvento dell'Era industriale, precisamente nel 1690, quando la Piccola Era Glaciale (1303-1850) raggiunse il suo

---

(8) *https://www.agendadigitale.eu/smart-city/cosa-sono-le-nuvole-tutte-le-variabili-che-mettono-in-crisi-modelli-e-scienziati-del-clima/*

punto più basso (*Minimo di Maunder*), dopo di che le temperature iniziarono a risalire seppur, come è sempre accaduto, in modo discontinuo.

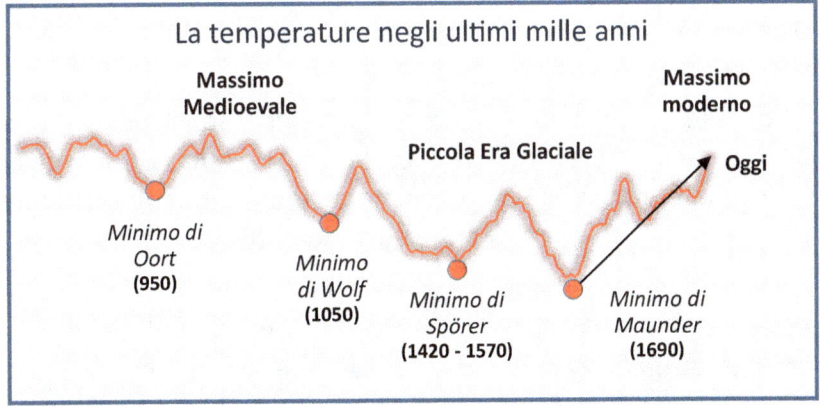

Figura 9.18. *La temperatura media globale degli ultimi mille anni. Fonte: elaborazione NOAA - rilevazioni dell'Osservatorio di Mauna Lao nelle Hawaii.*

Va anche rilevato che l'attuale innalzamento della temperatura ha subito un'accelerazione solo negli ultimi 40 anni, a partire dagli anni '80.

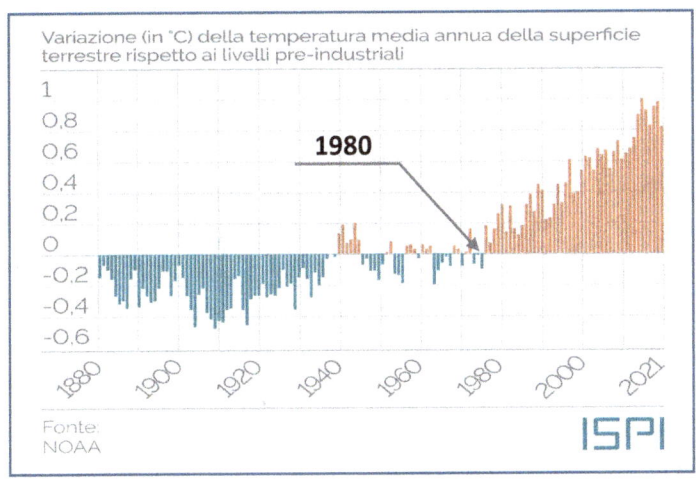

Figura 9.19. *Temperature dal 1880 al 2021. Fonte NOAA-ISPI.*

La temperatura varia in modo diverso

Un altro aspetto che andrebbe sempre tenuto nella massima considerazione quando si analizza una variazione climatica, riguarda la sua evoluzione che avviene sempre in modo discontinuo.

Se osserviamo l'andamento della temperatura degli ultimi 150mila anni rilevata dai carotaggi in Antartide della spedizione europea EPICA, vediamo chiaramente che la risalita delle temperature e molto più veloce del raffreddamento.

Mentre la discesa avviene seguendo un decorso tendenzialmente graduale e segmentato, detto perlappunto "a dente di sega", la curva della risalita è, al contrario, quasi perpendicolare. Non deve quindi meravigliare il deciso aumento delle temperature degli ultimi decenni.

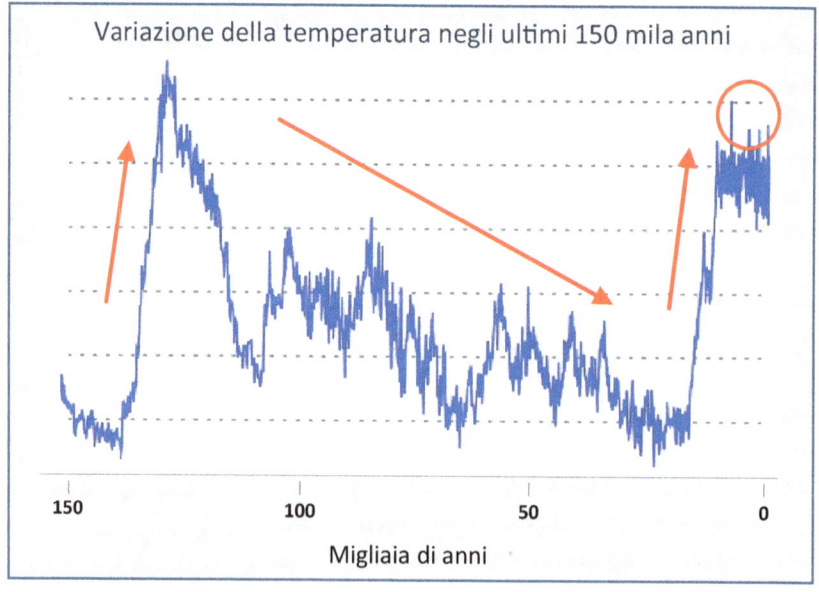

Figura 9.20. Temperatura degli ultimi 150mila anni. Fonte: EPICA.

Anidride carbonica e ciclo del Carbonio

Uno dei maggiori postulati a sostegno della teoria antropica del cambiamento climatico riguarda la vita media dell'anidride carbonica, che sarebbe di cento anni.

Questo dato, cento anni, che indicherebbe il tempo medio necessario affinché l'aumento della concentrazione di CO_2 causato all'attività umana si riduca ai valori precedenti, viene spesso utilizzato dagli esperti climatici conformisti per scuotere l'opinione pubblica, a loro avviso non abbastanza preoccupata, con frasi del tipo:

> *«Non abbiamo più tempo, dobbiamo agire ora, e anche se lo facessimo ci vorranno cento anni prima di tornare alla normalità»*

In realtà, la vita media di una molecola di anidride carbonica in atmosfera, grazie alla sua inerzia chimica, non supera i tre anni. E allora... come hanno fatto questi tre anni a diventare cento? Semplicemente inserendola arbitrariamente nel ciclo del carbonio e facendola diventare il protagonista assoluto.

Il ciclo del carbonio è un insieme di reazioni che riguardano, come dice il nome stesso, il carbonio (e non l'anidride carbonica) e le trasformazioni subite da questo elemento nei passaggi tra aria, terra e oceani. Processi che durano decenni.

Il carbonio, Insieme a ossigeno e idrogeno, è l'elemento chimico maggiormente presente nei composti organici, la materia vivente.

Nel mondo inorganico, lo troviamo allo stato puro nei diamanti e nella graffite (si differenziano solo per la diversa disposizione spaziale degli atomi di carbonio). È soprattutto presente nelle rocce sedimentarie e carbonatiche, nel sottosuolo sotto forma di idrocarburi fossili (petrolio, metano e carbone), negli oceani e nell'aria (CO_2).

Attraverso varie trasformazioni chimiche, il carbonio è continuamente passato di mano: dall'anidride carbonica in atmosfera (CO_2), al glucosio ($C_6H_{12}O_6$) prodotto dalle piante; dal metano (CH_4), derivante dalla decomposizione della materia organica, agli oceani, il più grande serbatoio di carbonio dove è presente sotto forma di carbonati (CO_3^{--}). Questi passaggi continuano fino a quando non si lega stabilmente con altri elementi.

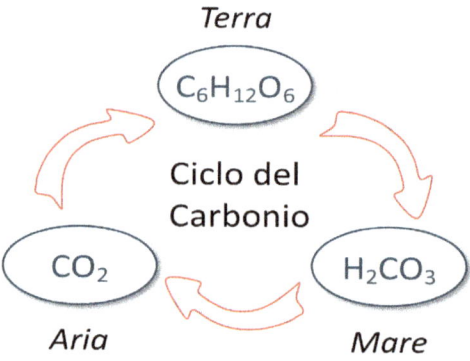

Figura 9.21 *Principali composti del ciclo del carbonio. Altri componenti sono il metano, il carbonio allo stato puro e il carbonio presente nei combustibili fossili e organici.*

Quindi, a essere continuamente rimessa in circolo non è la molecola di anidride carbonica, come erroneamente si sostiene, ma l'atomo di carbonio nelle sue molteplici forme.

Comunque, che una molecola di anidride carbonica resti in atmosfera per un giorno o per mille anni non ha alcuna importanza, così come non fa differenza la sua origine, naturale o antropica. Ciò che conta è la quantità, che rimane del tutto irrilevante e quindi poco influente ai fini dell'effetto serra, a differenza del vapore acqueo che, pur avendo una vita media brevissima, è il vero responsabile di questo fenomeno per via della sua elevata concentrazione atmosferica.

Potenziale di riscaldamento globale

Grazie all'artifizio di confondere il ciclo dell'anidride carbonica con quello del carbonio, è stata elaborata una tabella relativa al cosiddetto "*Potenziale di Riscaldamento Globale*" (*Global Warming Potential – GWP*), un indice puramente teorico che rappresenta il rapporto tra il riscaldamento causato in cento anni da una data sostanza e l'effetto riscaldante della CO_2 cui è attribuito il valore di riferimento uno.

POTENZIALE DI RISCALDAMENTO GLOBALE (GWP)				
GAS	FORMULA	% SUL TOTALE DEI GAS SERRA	VITA MEDIA (*anni*)	INDICE GWP
Anidride carbonica	CO_2	3,61 %	100	1
Metano	CH_4	0,36 %	12	25
Ossido di Azoto	N_2O	0,95 %	114	298
Clorofluorocarburi	CFC	0,07%	260 ÷ 3200	97 ÷ 22.800

Figura 9.22. Indice GWP dei gas ad effetto serra. Fonte: Commissione Europea.

Se il valore della permanenza in atmosfera dell'anidride carbonica fosse invece valutato nella sua reale consistenza, cioè tre anni invece di cento, anche il ruolo degli altri gas serra ne sarebbe pesantemente ridimensionato. Il metano passerebbe da 25 a 4, l'ossido di azoto da 298 a 38 e i clorofluorocarburi da 97 a 32 e da 22.800 a 7.600.

Se poi aggiungiamo che questi gas sono presenti in atmosfera solo in tracce, risulta ancora più evidente che siamo in presenza di una colossale mistificazione per nascondere il ruolo del vapore acqueo e delle nubi, i veri artefici dell'effetto serra.

Paragone improponibile, quello con i farmaci

Un paragone spesso utilizzato dagli opinionisti per giustificare il presunto ruolo determinante dell'anidride carbonica nell'effetto serra, nonostante la sua scarsa presenza in atmosfera, è quello con i farmaci, per i quali è sufficiente una piccolissima dose di principio attivo per produrre importanti conseguenze sull'organismo.

Si tratta di un paragone improponibile, per il semplice fatto che, mentre gli effetti di un farmaco sono verificabili, quelli dell'anidride carbonica non lo sono.

Che poche molecole di CO_2 possano stravolgere il clima è un'ipotesi suggestiva, ma priva di valore scientifico, poiché non è dimostrabile. Nella prassi scientifica, come afferma il padre della scienza Galileo Galilei, tutto ciò che non è dimostrabile non ha valore e rimane nel campo delle semplici supposizioni.

Se proprio volessimo rimanere in tema di paragoni impossibili, allora anche un pizzico di sale può alterare il sapore di una pietanza, ma la stessa quantità non trasforma un lago di acqua dolce in un mare salato.

In sostanza, se si perde il senso delle proporzioni tutto diventa credibile, anche la teoria più bizzarra.

Acidificazione degli oceani

Una delle conseguenze meno evidenti del riscaldamento globale è l'acidificazione degli oceani. Le molecole di anidride carbonica, pur essendo poco reattive, sono tuttavia dotate di elevata energia cinetica, una forma di energia presente nelle sostanze allo stato gassoso che le fa agitare in modo caotico e muovere senza sosta in tutte le direzioni, in accordo con la teoria cinetica dei gas.

Quando una molecola di CO_2 collide con una di H_2O (vapore acqueo), avviene la formazione di acido carbonico H_2CO_3 che ricade al suolo con le precipitazioni, dando luogo al fenomeno delle piogge acide.

$$CO_2 + H_2O \longrightarrow H_2CO_3$$

La stessa reazione si verifica negli oceani, dove gli scambi gassosi tra aria e acqua sono molto intensi. Gli oceani, grazie all'azione delle alghe e dei microrganismi fotosintetici, assorbono circa la metà dell'anidride carbonica presente nell'atmosfera (l'altra metà è catturata dalle piante) e la trasformano in ossigeno, contribuendo così a mitigare l'aumento della concentrazione atmosferica di CO_2 dovuto alle attività umane. Il bilancio tra anidride carbonica in ingresso e ossigeno in uscita è sostanzialmente in equilibrio.

L'acqua, cosiddetta dolce, allo stato liquido è chimicamente neutra a differenza dei mari e degli oceani che presentano invece un pH leggermente alcalino, dovuto alla presenza di grandi quantità di cloruro di sodio (il comune sale da cucina NaCl).

Per chi non ha familiarità con la chimica, il pH è una scala di misura che indica il grado di acidità o basicità di una soluzione, varia da zero a quattordici e corrisponde al meno logaritmo della concentrazione di ioni H^+.

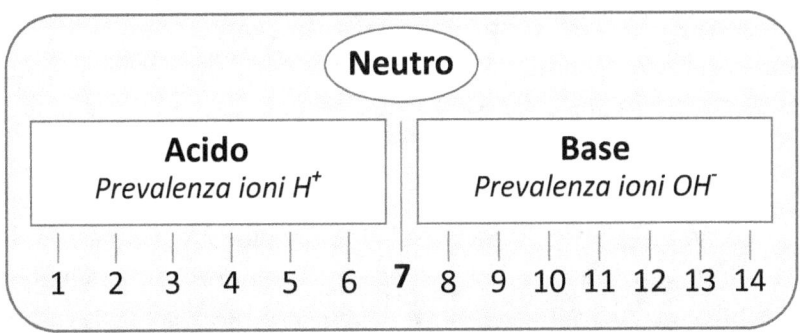

Ad esempio, se la concentrazione di ioni idrogeno (H^+) in una soluzione acquosa è di 10 alla -7, il pH risultante è 7 che, in questo caso, indica lo stato di neutralità. Quando il pH è maggiore di sette, la soluzione è basica (alcalina), se, viceversa, è minore di sette, entriamo nel campo acido.

Un altro sale molto abbondate nei mari e negli oceani è il carbonato di calcio, conosciuto come calcare. È presente soprattutto nei sedimenti dei fondali marini ed è il principale componente dei coralli e dei gusci di gran parte dei molluschi.

Il carbonato di calcio ($CaCO_3$) è insolubile in acqua, ma se l'acqua diventa leggermente acida a causa dell'aumento di anidride carbonica, allora si dissocia secondo la reazione (semplificata):

$$CaCO_3 \xrightleftharpoons{H^+} Ca^{++} + CO_3^{--}$$

In pratica si soglie. La maggiore solubilità del carbonato di calcio ne riduce la disponibilità per gli organismi marini e porta all'indebolimento di quelli dotati di scheletro o guscio calcareo, come i crostacei e i molluschi, e all'erosione della barriera corallina (il corallo è costituito per circa l'85% della sua massa da carbonato di calcio).

L'anidride carbonica, essendo una molecola piccola e apolare, può attraversare facilmente le membrane cellulari degli organismi marini per diffusione semplice e, se la concentrazione è particolarmente elevata, può alterare l'equilibrio acido-base del loro metabolismo. Un eccesso di CO_2 nel sangue e nelle cellule può ridurre la crescita e la capacità riproduttiva e, nei casi estremi, mettere in pericolo la sopravvivenza di una specie.

Sicuramente nelle passate Ere geologiche quando gli stravolgimenti della litosfera erano frequenti e le violente eruzioni vulcaniche duravano a lungo, nei mari sono avvenute forti riduzioni di pH che hanno portato anche a delle estinzioni di massa, ma di quanto si sia abbassato questo valore e in quanto tempo per poter fare paragoni con la situazione attuale, a distanza di milioni di anni, e impossibile da stabilire. Anche se alcuni studi si avventurano in azzardate congetture, come quella dell'IUCN (*International Union for Conservation of Nature*) del novembre 2010 che afferma perentoriamente[10]:

> «*L'acidificazione degli oceani avanza 10 volte più velocemente di quello a cui ha proceduto l'estinzione di un gran numero di specie marine 55 milioni di anni fa*»

Ci piacerebbe sapere come hanno fatto a rilevare con estrema precisione il valore di pH degli oceani di 55 milioni di anni fa e la relativa progressione, quando sulla Terra esisteva un unico grande mare (*Panthalassa*) e un unico grande continente (*Pangea*).

Gli oceani, per come li conosciamo ora, si sono formati un milione di anni fa e prima di allora, nel corso del loro assestamento, sono avvenute profonde variazioni nella loro composizione chimico-fisica. Sappiamo, grazie alle testimonianze fossili, che per lunghi periodi il pH si è mantenuto acido, ma di quanto e per quanto tempo è impossibile da sapere, perlomeno con la precisione che viene ostentata in questi studi.

Dal rapporto sullo stato degli oceani redatto dall'agenzia *Copernicus* dell'Unione Europea del 14 febbraio 2020, leggiamo:

> «*L'acidificazione degli oceani mette a rischio l'integrità degli ecosistemi marini(...) Le emissioni di CO_2 delle attività umane sono la causa principale dell'acidificazione*»

---

(9) Fonte: https://daltonsminima.wordpress.com/2009/03/18/quanta-parte-dell%E2%80%99effetto-serra-e-di-origine-antropica/

Nessun dubbio quindi che gli oceani si stiano acidificando? In effetti, negli ultimi 150 anni, con l'incremento delle emissioni di CO_2, il pH degli oceani si è ridotto, passando da 8,2 agli attuali 8,1.

Ma, a parte l'esiguità della variazione, il valore di 8,1 indica che siamo decisamente in campo basico, e non acido. Quindi, parlare di acidificazione degli oceani risulta quantomeno prematuro. Sarebbe più corretto parlare di diminuzione dell'alcalinità.

Può sembrare una disputa semantica tra due espressioni che descrivono lo stesso fenomeno, ossia la riduzione del pH; in realtà, l'uso di una locuzione al posto di un'altra equivalente produce un diverso impatto sull'opinione pubblica, come nel caso del classico bicchiere mezzo vuoto o mezzo pieno. La parola *acidificazione*, un termine di per sé inquietante, non a caso si accorda bene con l'immagine angosciante diffusa dai profeti di sventura.

Ci sono, poi, altri due elementi che ridimensionano il pericolo di una effettiva acidificazione degli oceani. Il primo riguarda l'acqua dolce derivante dallo scioglimento dei ghiacci polari che, seppur contenuta, si riversa nei mari a seguito del riscaldamento globale, il cui effetto è quello di stemperare il rapporto *acido-base*. Il secondo elemento riguarda l'aumento della temperatura dei mari che favorisce l'evaporazione dell'anidride carbonica disciolta in acqua facendo salire il pH.

Comunque, se il processo di riduzione del pH dovesse proseguire con la stessa intensità registrata negli ultimi 150 anni, facendo una semplice proporzione, risulta che dovranno passare non meno di milleottocento anni prima che il pH scenda sotto la soglia di neutralità ed entri in campo acido. Se i fenomeni sopra descritti stanno realmente avvenendo – e non vi è motivo di dubitarne – sono evidentemente la conseguenza di altri fattori non ancora adeguatamente considerati.

Qualunque variazione chimico-fisico delle acque marine può comportare conseguenze sugli equilibri biologici, ma deve essere significativa e verificarsi in un tempo breve, a differenza di quanto sta avvenendo oggi.

Piuttosto, dovremmo preoccuparci maggiormente dell'inquinamento dei mari da plastiche e microplastiche che, queste sì, stanno velocemente alterando l'ecosistema marino.

Le microplastiche sono ingerite dagli organismi che si nutrono attraverso la filtrazione dell'acqua, dai mitili ai grandi cetacei, mentre le plastiche più grandi vengono scambiate per cibo o ingerite involontariamente dai pesci e dagli uccelli marini.

Il fenomeno ha iniziato a manifestarsi nei primi anni Cinquanta dello scorso secolo, ma ad oggi non è stato fatto nulla di realmente concreto. Periodicamente, quando i telegiornali sono a corto di notizie, ci mostrano, a mo' di monito, le enormi isole galleggianti di plastica che vagano negli oceani.

Però nessuna tra le grandi nazioni che si contendono il controllo del mondo, e nessun grande organismo internazionale, si è fatta promotrice di un piano globale che coinvolga tutti i Paesi che si affacciano sugli oceani, per il recupero di questa enorme massa di plastica.

La salvaguardia dell'ambiente è diventata la priorità per le nazioni cosiddette progredite... ma solo quando si tratta di business.

Capitolo 10

I modelli climatici

Tra scienza, conformismo e convenienza

Sarebbe fin troppo facile evidenziare che nonostante i super computer della NASA, i satelliti meteorologici che affollano lo spazio, le migliaia di centraline di rivelazione sparse su tutta la Terra e i più sofisticati programmi di elaborazione meteorologica potenziati dall'intelligenza artificiale, gli studiosi riescono a malapena a prevedere il tempo di alcuni giorni (e a volte sbagliando), figuriamoci se i climatologi possono anticipare il clima dei prossimi decenni.

Sono molti i limiti che rendono i modelli climatici poco affidabili e spesso fuorvianti. Partiamo dalla quantità pressoché infinita di elementi che concorrono alla formazione del clima, molti dei quali sono impossibili da calcolare nella loro entità e frequenza. Pensiamo solo alla copertura nuvolosa e alla comparsa delle nebbie: come si possono prevedere con largo anticipo? E come si possono controllare sul lungo periodo la direzione e la forza dei venti, soprattutto di quelli stratosferici che interagiscono con le correnti oceaniche profonde? Sono tante, tantissime le variabili che, prese singolarmente, possono sembrare irrilevanti, ma che, nel gioco complessivo delle interazioni e retroazioni, possono riservare sorprese.

Poi ci sono i limiti di calcolo. Per descrivere in modo rigoroso l'evoluzione del clima sono necessarie più equazioni differenziali non lineari accoppiate, cioè un sistema matematico che non ha soluzione analitica. Per questo motivo, ad oggi nessuno è mai riuscito a scrivere un'equazione in grado di rappresentare in modo compiuto le trasformazioni climatiche.

Per superare questi elementi di incertezza, i modellisti climatici sono costretti ad analizzare il comportamento di poche variabili alla volta, per farle poi interagire e ricavare i futuri scenari. Questo metodo porta a forti discrepanze tra i modelli informatici in competizione tra loro. La disputa si evidenzia con la perenne controversia sulla "sensibilità climatica", che ipotizza l'aumento di temperatura al raddoppio della concentrazione di anidride carbonica.

Per lo stesso scenario, le stime sono le più disparate. L'IPCC, nei suoi modelli, presenta una forchetta molto ampia: da 1,5 °C a oltre 5 °C. Queste differenze sono enormi se consideriamo gli effetti sull'uomo e sull'ambiente che potrebbero produrre, sempre secondo le loro previsioni.

Alla Conferenza delle Nazioni Unite sui cambiamenti climatici di Glasgow, del novembre 2021, furono presentati, sullo stesso tema, più di cento modelli da cinquanta diversi gruppi di ricerca, ognuno dei quali aveva il proprio scenario. Insomma, un vero guazzabuglio.

Effetto farfalla

Altro problema riguarda il cosiddetto *margine d'errore*. Essendo tutti i parametri di riferimento concatenati, è sufficiente che uno solo dei dati di partenza sia errato (sotto o sovrastimato o nel frattempo variato) per ottenere un risultato falsato. È quello che viene chiamato *"effetto farfalla"*. Definito dall'Enciclopedia Treccani della Scienza e della Tecnica come una...

> *«Locuzione comunemente usata per indicare l'estrema sensibilità alle condizioni iniziali esibita dai sistemi dinamici non lineari. In altri termini, infinitesime variazioni nelle condizioni iniziali producono variazioni grandi e crescenti nel comportamento successivo dei suddetti sistemi. L'atmosfera è un classico esempio di sistema non lineare»*

In sostanza, una piccolissima azione non considerata o mal valutata può generare, per quanto infinitesimale, una serie di effetti sempre più grandi e portare a risultati inattesi. Anche il semplice arrotondamento a una o due cifre decimali può dare esiti diversi.

Il detto *"effetto farfalla"* deriva dalla frase interrogativa: *"Il battito d'ali di una farfalla in Brasile potrebbe generare un tornado in Texas?"* che introduce lo studio scientifico del matematico e meteorologo Edward Lorenz, ricercatore del MIT (*Massachusetts Institute of Technology*), pubblicato nel 1972.

Il Concetto di effetto farfalla rientra nella "*Teoria del Caos*" e più precisamente nella "*dipendenza sensibile dalle condizioni iniziali*", che attiene alle proprietà di un sistema dinamico non lineare.

I dati di partenza, anche se corretti, contengono sempre un margine di errore che dipende dal numero di cifre significative considerato. Ad esempio i numeri 0,1234 e 0,123 esprimono lo stesso valore, ma con diverso grado di approssimazione (un numero decimale potrebbe andare indietro oltre la virgola all'infinito).

Per i ricercatori, decidere il livello di arrotondamento all'ultima cifra significativa è sempre un dilemma, perché sanno bene che sul lungo termine, a seguito delle continue interazioni e amplificazioni, potrebbe produrre risultati inaspettati.

Per risolvere il problema, spesso i modellisti climatici simulano diversi scenari e poi scelgono quello più confacente alle loro aspettative, normalmente quello che prevede un maggiore aumento della temperatura media, poiché, sempre stando ai loro calcoli, bastano poche frazioni di grado in più per intensificare gli eventi estremi e causare disastri climatici a non finire.

Poi ci sono gli aggiustamenti, quello più clamoroso riguarda il diagramma del prof. Michael Mann noto come *mazza da hockey* che adesso vediamo.

La Hockey Stick di Mann

Nel report del 1990, l'IPCC pubblicò un grafico sulle temperature degli ultimi mille anni, in cui erano messi in evidenza il Periodo Caldo Medioevale e la Piccola Era Glaciale.

Nel terzo rapporto del 2001, scompare il Periodo Caldo Medioevale e la curva della Piccola Era Glaciale risulta fortemente attenuata. Il motivo di questa inspiegabile e clamorosa correzione fu presto evidente.

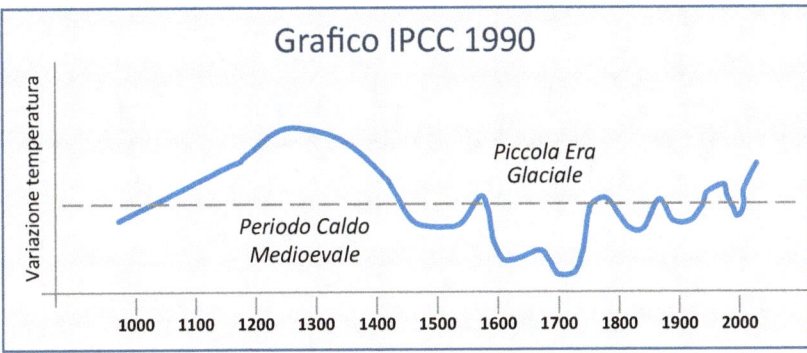

Figura 10.1. *Grafico temperature, elaborazione da IPCC del 1990.*

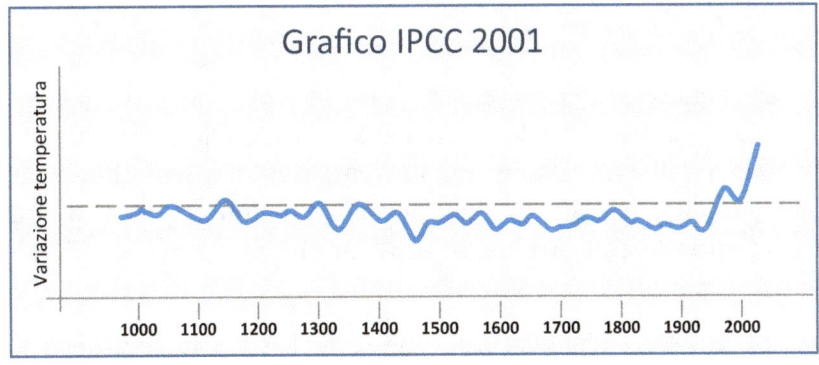

Figura 10.2. *Grafico temperature, elaborazione da IPCC del 2001.*

Tre anni prima, nel 1998, il prof. Michael Mann pubblicò anch'egli uno studio sulle temperature degli ultimi duemila anni, basato principalmente sugli anelli di crescita degli alberi (che come sappiamo è un mezzo di analisi alquanto approssimativo riguardo la datazione), da cui scaturì il grafico noto come *Hockey Stick* (per via della somiglianza con la forma di un bastone da hockey).

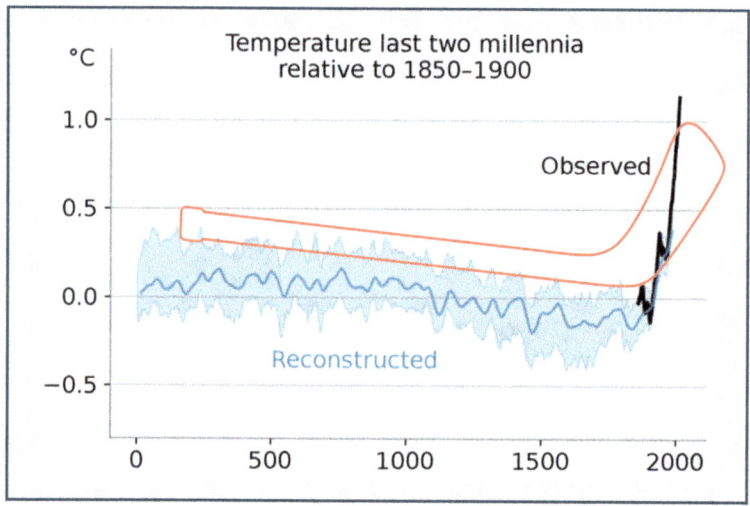

Figura 10.3. *Il grafico di Mann del 1998 con stilizzata una mazza da Hockey (ns. elaborazione).*

Per rendere più convincente il suo assunto, Mann ignorò sia il Caldo Medioevale sia la Piccola Era Glaciale allo scopo di dare maggior risalto all'aumento della temperatura degli ultimi 150 anni e, in questo modo, accordarsi con la teoria del riscaldamento causato dalle attività umane come un *"fatto unico nella storia"*.

Con estrema disinvoltura, l'IPCC fece proprio il grafico di Mann, sconfessando sé stesso e il lavoro di centinaia di ricercatori.

Sommersa dalle critiche, la compagine scientifica dell'ONU si giustificò dicendo che il precedente rapporto, quello del 1990, fu un errore e che il grafico si riferiva alle temperature della sola Inghilterra e che, quindi, aveva valore regionale e non globale. Come se le rilevazioni delle spedizioni artiche e antartiche e i proxy che ben documentano l'estensione generale del fenomeno non facessero testo.

Ne seguì un'accesa discussione tra il ricercatore sostenuto dall'IPCC e un gruppo di scienziati guidati dal prof. Stephen McIntyre, che scoprirono numerose incongruenze nel metodo di analisi e nei dataset utilizzati da Mann per produrre la sua controversa Hockey Stick.

Da aggiungere che Mann si rifiutò fino all'ultimo di rendere disponibili per la consultazione le fonti del suo controverso studio. Alla fine dovette cedere a seguito dell'intervento di una commissione d'inchiesta istituita dal Senato degli Stati Uniti che nel rapporto conclusivo rigettò la tesi di Mann, ritenuto uno studio basato su dati dendrocronologici accuratamente scelti per ottenere il risultato desiderato. Queste le parole della commissione senatoriale statunitense guidata da Edward Wegman:

> «La nostra commissione ritiene che le valutazioni secondo cui il decennio degli anni '90 sia stato il decennio più caldo in un millennio e che il 1998 sia stato l'anno più caldo in un millennio non possono essere supportate dal MBH98/99 (il nome ufficiale del lavoro di Mann ndr)»

Nonostante la sua scarsa attendibilità, l'Hockey Stick è ancora oggi ritenuta da una parte della comunità scientifica una pietra miliare della scienza climatica.

Un grafico fasullo

L'intera vicenda è ben descritta nell'articolo di Alessandro Demontis pubblicato sul sito *Attività Solare* (attivitasolare.com) di cui riportiamo le conclusioni[1].

> «*Possiamo dunque concludere che la Hockey Stick è un grafico fasullo, creato tramite metodi statistici usati fraudolentemente, e tramite la selezione ex-post (a posteriori) di dati appositamente scelti per ottenere un tipo di grafico preconfezionato. I presunti studi indipendenti che si sostiene la abbiano validata, non sono né indipendenti né autorevoli in quanto basati sulle stesse cronologie scelte a piacere e con manipolazione dei dati. Il metodo statistico utilizzato per produrre la Hockey Stick è inaffidabile poiché capace di produrla anche da "rumore bianco" (dati casuali non correlati)*»

I dati pregressi

Un altro limite dei modelli riguarda i dati pregressi, tenuto conto che solo ricreando accuratamente il comportamento climatico del passato è possibile elaborare previsioni corrette.

Il problema è che i modelli matematici non sono in grado di ricostruire con sufficiente accuratezza la variabilità climatica degli ultimi 10mila anni e di spiegare come mai ci sono stati periodi più caldi del presente, nonostante la concentrazione di CO_2 fosse più bassa dell'attuale.

---

(1) Fonte: https://megachiroptera.com/2021/08/15/la-vicenda-della-hockey-stick-spiegata-bene/

Oggi disponiamo di sofisticati strumenti di misurazione — migliaia di centraline sparse sul pianeta e decine di satelliti meteorologici geostazionari — che ci permettono di rilevare con grande precisione le condizioni climatiche attuali, inclusa la temperatura al suolo in qualsiasi area del pianeta.

Per quanto riguarda il passato, invece, quando non esistevano neppure i termometri, possiamo affidarci solo a metodi indiretti, basati su proxy climatici (carotaggi di ghiaccio, sedimenti marini, anelli di crescita degli alberi secolari, ecc.), che mal si conciliano con la precisione esibita nei modelli.

I riscontri dei paleoclimatologi sono fondamentali per ricostruire il clima del passato, ma hanno valore di stima e, come tali, andrebbero trattati. Vengono invece spesso considerati come dati certi da parte dei modellisti climatici, che li utilizzano come base per proiezioni catastrofiche sul futuro del clima.

La discrepanza tra i modelli e la realtà

Anche utilizzando la più avanzata strumentazione, non saremo mai in grado di modellare il clima e la sua evoluzione in maniera precisa, neppure limitando l'analisi a periodi recenti, come ha dimostrato John R. Christy, climatologo e professore di scienza dell'atmosfera presso l'Università dell'Alabama che attraverso la comparazione tra simulazione e realtà, ha evidenziato l'enorme discrepanza tra il modello preso in esame e i dati successivamente rilevati attraverso registrazioni satellitari (verde-UAH, RSS, NOAA)[2].

---

(2) Fonte: http://www.climatemonitor.it/?p=43523

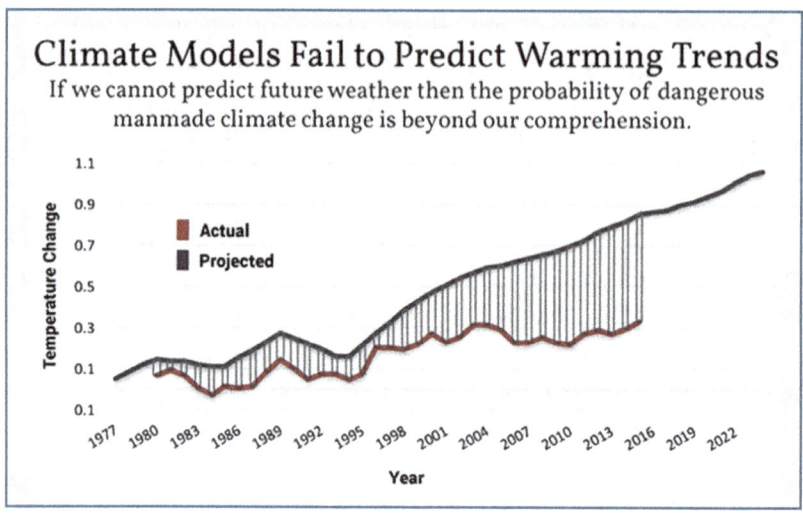

Figura 10.4. *Confronto tra le proiezioni e la registrazione della temperatura media troposferica tropicale dal 1980 al 2016. Fonte: Michael David White per The Right Track Magazine.*

A volte, i modelli climatici sono supportati da simulazioni di laboratorio in cui sono riprodotte le reazioni che avvengono in natura, allo scopo di dimostrare come piccolissime variazioni di un componente (con particolare riferimento all'anidride carbonica e all'azoto, per giustificare la loro scarsa presenza in atmosfera) possano causare grandi eventi una volta superata una determinata soglia. Per intenderci, la classica *"goccia che fa traboccare il vaso"*.

Si tratta di esperimenti validi per piccole quantità di sostanze trattate nel chiuso di un laboratorio, ma non certo adatti a spiegare, come invece si pretende, fenomeni di portata planetaria come quelli che avvengono nell'atmosfera terrestre.

In una provetta possiamo dosare i reagenti affinché il decorso della reazione vada nella direzione auspicata e ottenere il risultato voluto. Questo, in natura, non è possibile:

non possiamo illuderci di regolare la temperatura della Terra come facciamo con il termostato in casa, agendo sulla quantità di anidride carbonica immessa in atmosfera.

La natura non risponde alle nostre logiche, ma alle proprie. Se non comprendiamo questo, se pretendiamo di controllarla in uno dei suoi aspetti più complessi, significa che la presunzione ha sostituito la ragione, e la politica astratta e ideologica ha preso il sopravvento sulla scienza.

Come non possiamo prevedere i terremoti o le eruzioni vulcaniche, così non possiamo anticipare il clima del futuro con algoritmi ed equazioni matematiche.

Questo non significa che i modelli siano inutili, anzi: sono strumenti di supporto alla ricerca scientifica, validi e persino indispensabili, e come tali andrebbero considerati, se non fosse per l'eccessivo carico di certezza che spesso li grava, fino a farli sembrare dogmi incontestabili.

Basare il nostro futuro energetico — e, di conseguenza, economico e sociale — su programmi di simulazione climatica, per quanto avanzati e continuamente aggiornati, è un azzardo che l'umanità non può permettersi. Così come non possiamo accettare una transizione verde che di "*verde*" ha solo il colore dei dollari.

Da quando è scoppiata la frenesia climatica, il problema della protezione del nostro ecosistema dall'opera distruttrice dell'uomo è stato relegato in fondo alle agende di governo. Se solo una minima parte delle risorse che gli Stati destinano alla folle e inconcludente campagna di decarbonizzazione (mentre in Europa facciamo i virtuosi, India, Cina e Stati Uniti seguono ciascuno la propria strada) fosse impiegata per rinaturalizzare il nostro bistrattato ambiente e in opere di prevenzione e di adattamento al cambiamento climatico, potremmo affrontare e superare con maggiore serenità le sfide che ci attendono.

Indice delle figure

Figure originali

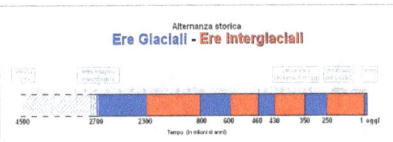

Figura 2.3. *Alternanza Ere Glaciali e Interglaciali. Fonte: Wikipedia.*

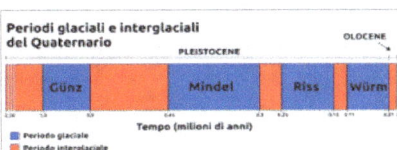

Figura 2.4 *Le glaciazioni del Quaternario. Fonte: Wikipedia.*

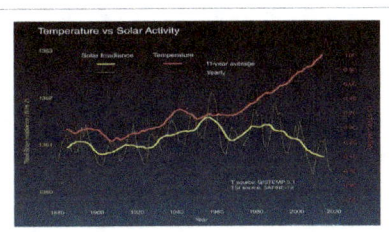

Figura 4.4. *Divergenza tra crescita degli alberi e temperatura. Fonte: NOAA.*

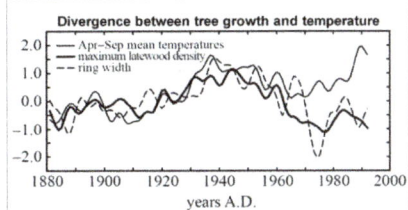

Figura 6.10. *Divergenza tra temperatura e attività solare. Fonte: NASA.*

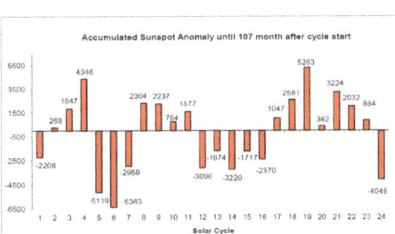

Figura 6.12. *Quantità macchie solari. Fonte: elaborazione da NOAA, NASA.*

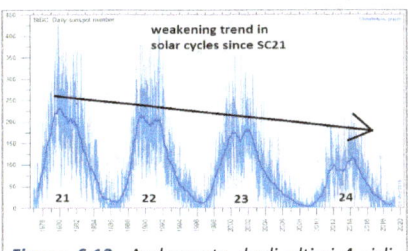

Figura 6.13. *Andamento degli ultimi 4 cicli solari. Fonte: NOAA.*

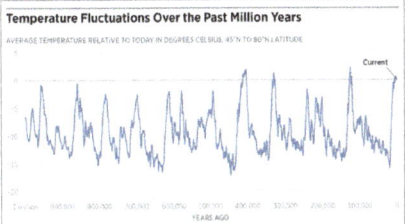

Figura 6.14. *Le temperature dell'ultimo milione di anni. Fonte: NOAA.*

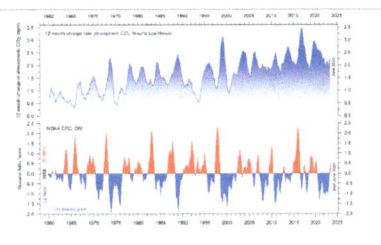

Figura 7.16. *Temperatura - anidride carbonica. Fonte: NOAA, Climate4you.*

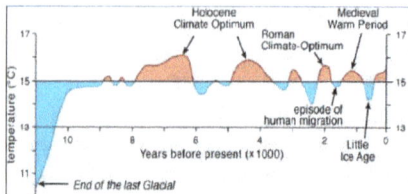

Figura 8.1. *I cambiamenti climatici ultimi 10mila anni. Fonte: Wikipedia.*

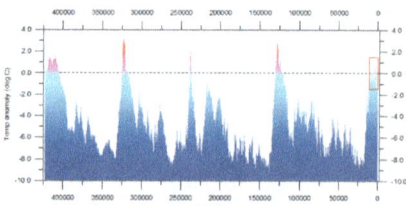

Figura 8.2. *Le temperature degli ultimi 400mila. Fonte: climate4.you.*

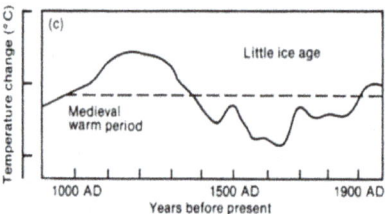

Figura 8.4. *Temperature ultimi mille anni. Fonte: IPCC-WMO – 1990.*

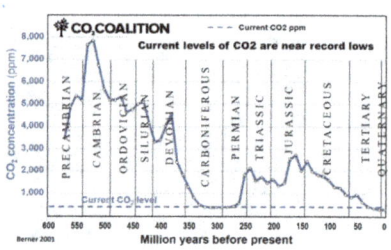

Figura 9.9. *Concentrazione CO_2 ultimi 600 milioni di anni.*

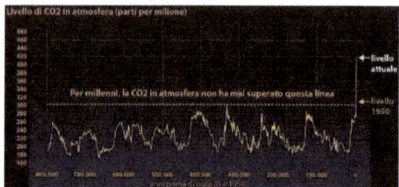

Figura 9.10.2 *Anidride carbonica ultimi 800mila anni. Fonte NOAA.*

Based on concentrations (ppb) adjusted for heat retention characteristics	% of All Greenhouse Gases	% Natural	% Man-made
Water vapor	95.000%	94.999%	0.001%
Carbon Dioxide (CO2)	3.618%	3.502%	0.117%
Methane (CH4)	0.360%	0.294%	0.066%
Nitrous Oxide (N2O)	0.950%	0.903%	0.047%
Misc. gases (CFC's, etc.)	0.072%	0.025%	0.047%
Total	100.00%	99.72	0.28%

Figura 9.12. *Gas serra. Fonte: Geocraft – Tabella 4a.*

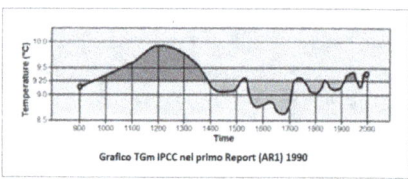

Figura 10.1. *Grafico temperature dell'IPCC del 1990.*

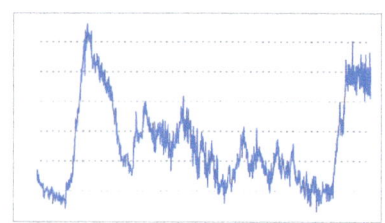

Figura 9.19. *Temperatura ultimi 150mila anni. Fonte: estratto spedizione EPICA.*

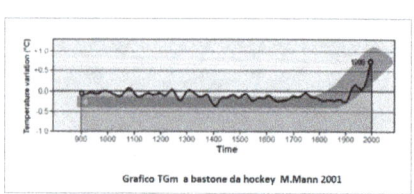

Figura 10.2. *Il grafico di Mann del 1998.*

Bibliografia essenziale

- AA. VV.: *"Clima, basta catastrofismi. Riflessioni scientifiche su passato e futuro"*, Ed. 21/mo Secolo, 2019;

- Alberto Prestininzi: *"Dialoghi sul clima. Tra emergenza e conoscenza*; Ed. Rubbettino, 2022;

- Antonello Pasini: *"L'equazione dei disastri. Cambiamenti climatici su territori fragili"*. Ed. Codice, 2020;

- Antonello Provenzale: *"Coccodrilli al Polo Nord e ghiacci all'Equatore. Storia del clima della Terra dalle origini ai giorni nostri"*. Ed. Rizzoli, 2021;

- Brian M. Fagan, Nadia Durrani: *"Storia dei cambiamenti climatici"*. Ed. Il Saggiatore, 2022;

- Ernesto Pedrocchi: *"Il clima globale cambia. Quanta colpa ha l'uomo?"*, Società Editrice Esculapio, 2020;

- F. Vinci: *"Omero nel baltico; XVIII. L'optimum climatico e il paradiso indoeuropeo"*. Palombi Editori, 2008;

- Federico Brocchieri: *"Negoziati sul clima. Storia, dinamiche e futuro degli accordi sul cambiamento climatico"*. Ed. Ambiente, 2020;

- Francesco Vecchi: *"Non dobbiamo salvare il mondo"*, Ed. Piemme, 2023;

- Franco Battaglia: *"L'illusione dell'energia dal sole"*, Ed. 21/mo Secolo 2017;

- Franco Battaglia: *"Non esiste alcuna emergenza climatica. Perché la pretesa di governare il clima della terra è un'illusione"*, Ed. 21/mo Secolo, 2021;

- Gianni Comini, Michele Libralato: *"Il cambiamento climatico. Il punto di vista fisico-tecnico"*. Ed. libreria universitaria, 2021;

- J.M. Keynes: *"Possibilità economiche per i nostri nipoti"*. Ed. Adelphi, 2009;

- Jacopo Pasotti: *"Cambiamento climatico"*, Ed. Scienza Express, 2020;

- K. Stumpff: *"Astronomia, Enciclopedia Feltrinelli Fischer"*. Ed. Feltrinelli, Milano, 1971;

- Lawrence M. Krauss: *"La fisica del cambiamento climatico"*. Ed. Raffaello Cortina, 2022;

- Luca Mercalli: *"Il clima che cambia"*, Ed. Rizzoli, 2019;

- Mario Giaccio: *"Il climatismo: una nuova ideologia"*, Ed. 21/mo Secolo, 2017;

- Mario Tozzi: *"Perché il clima sta cambiando?"*. Ed. Einaudi, 2023;

- Maurizio Pallante: *"L'imbroglio dello sviluppo sostenibile"*. Ed. Lindau, 2022;

- Michael Shellenberger: *"L'apocalisse può attendere"*, Ed. Marsilio, 2021;

- Nicola Armaroli: *"Emergenza energia. Non abbiamo più tempo"*. Ed. Dedalo, 2022;

- Nicola Armaroli: *"Un mondo in crisi. Gas, nucleare, rinnovabile, clima: è ora di cambiare"*. Ed. Dedalo, 2022;

- Noam Chomsky, Robert Pollin: *"Minuti contati. Crisi climatica e Green New Deal globale"*, Ed. Ponte alle Grazie, 2020;

- Paolo Saraceno: *"Dialogo sul clima"*. Editoriale Delfino, 2023;

- Peter Wadhams: *"Addio ai ghiacci. Rapporto dall'Artico"*. Ed. Nuova, 2019;

- Stella Levantesi: *"I bugiardi del clima. Potere, politica, psicologia di chi nega la crisi del secolo"*, Ed. Laterza, 2021;

- Thomas Hylland Eriksen: *"Fuori controllo: Un'antropologia del cambiamento accelerato"*. Ed. Einaudi, 2017;

- Wolfgang Behringer: *"Storia culturale del clima"*, Ed. Bollati Boringhieri.

La forza delle Idee

La violenza è l'arma dei deboli,
la vera forza è nelle idee

Gli argomenti trattati in questa collana possono sembrare disgiunti; in realtà sono uniti da un filo conduttore che mostra come i problemi quotidiani – sociali, lavorativi o globali, come il surriscaldamento o le guerre all'origine dei flussi migratori – non dipendano solo dall'incapacità dei politici, dalla corruzione o dall'insensibilità dell'uomo moderno.

Questi fenomeni affondano le radici in un passato remoto e sono il frutto di un'ideologia precisa: quella liberal-capitalista, che da tre secoli trasforma l'uomo da essere sociale a consumatore. Il suo fine è distruggere economie nazionali e culture tradizionali per creare un cliente unico globale, con gusti e necessità indotte dal *"mercato"*, cioè dalle multinazionali controllate dalla finanza.

Settant'anni di terrorismo culturale e di uso distorto della storia hanno consolidato questo dominio. Così oggi crediamo che l'alternativa alla democrazia corrotta dai partiti sia la dittatura; che solo l'America garantisca pace e libertà; che solo il capitalismo assicuri benessere. La realtà, per chi vuole vederla, è diversa.

Questi testi non sono solo denuncia, ma una proposta concreta: avviare un dibattito libero da pregiudizi e logiche di partito, per gettare le basi di una necessaria Alternativa Sociale al Sistema. Per comprenderli occorre liberarsi dai luoghi comuni e accettare una nuova visione della storia, del presente e del futuro.

Un'avvertenza: questi libri non piaceranno alla destra filoamericana, dispiaceranno alla sinistra antifascista, faranno arrabbiare i militaristi e imbarazzeranno i pacifisti e gli ambientalisti della domenica. Irriteranno la Chiesa e faranno infuriare gli atei. Ma piaceranno, ne siamo certi, alle menti libere.

Storia del Razzismo

1

Dalle origini alla Palestina di oggi

Quando si parla di razzismo, la mente corre automaticamente alla persecuzione ebraica ad opera del regime hitleriano.

Si dimentica che il razzismo viene da molto prima di Hitler, da quando, sul finire del XVIII secolo, si affermò la filosofia illuminista della *"Dea Ragione"* da cui derivarono il razzismo scientifico e il mito darwiniano della razza superiore.

In questo testo sono scoperti gli scheletri nascosti negli armadi degli antirazzisti di oggi, e l'ipocrisia dei *"democratici"* di ieri, che pur sapendo nulla fecero per salvare gli ebrei dalla persecuzione nazista, e delle nazioni, cosiddette democratiche, che chiusero le loro frontiere e i loro porti ai profughi ebrei provenienti dalla Germania.

L'intolleranza religiosa della nascente Chiesa di Roma verso i giudei, accusati di aver voluto la morte di Gesù, ebbe un ruolo fondamentale nella genesi dell'antiebraismo che si sarebbe consolidato durante il Medioevo, e portato alle estreme conseguenze dal regime hitleriano.

In questo libro, ricco di note di approfondimento e di riferimenti storici, sono analizzati tutti gli aspetti di un fenomeno, il razzismo, che scuote le coscienze delle menti libere, ma che, purtroppo, ben si presta alla speculazione politica di oggi.

La Chiesa nella Storia

Tra santi, missionari e autentici criminali

La fede in Dio appartiene alla dimensione più intima dell'essere umano, quella che nessuno – noi per primi – può o deve violare. È il terreno dello spirito, del rapporto personale con il divino. Ben diverso, invece, è il piano della storia, dove uomini concreti, guidati da una fede sincera o da interessi ben più terreni, hanno dato forma alla Chiesa e ne hanno determinato il ruolo nel mondo.

Su questo terreno è legittimo interrogarsi, discutere e anche criticare.

Occorre però distinguere con chiarezza i due ambiti. La fede non può essere oggetto di giudizio storico, mentre l'operato della Chiesa può e deve esserlo. Se questa distinzione non viene accettata, e ogni osservazione critica viene confusa con un attacco alla religione, allora è meglio fermarsi qui.

La croce che oggi vediamo come simbolo di pace, nel corso dei secoli è stata per molti anche un segno di morte e sopraffazione. È seguendo questa linea di riflessione che in queste pagine si racconteranno le vicende della Chiesa di Roma, vicende che, a partire dalla battaglia di Ponte Milvio tra Costantino e Massenzio, hanno inciso profondamente sul destino della civiltà occidentale e del mondo intero.

I danni del Fascismo

③

Quello che gli storici non dicono

Sul Fascismo si è scritto e discusso molto, quasi sempre con finalità denigratorie. La speculazione politica e l'assenza di onestà di storici che sanno ma tacciono, per conformismo o convenienza, hanno impedito di affrontare con serenità uno dei periodi più controversi della nostra storia e di comprenderne il reale significato, ingiustamente ridotto a *"male assoluto"*.

Nel 1929 il crollo di Wall Street mise in ginocchio intere nazioni, ma l'Italia ne fu appena sfiorata grazie al controllo del sistema bancario e a un vasto piano di opere pubbliche che sostennero l'economia e l'occupazione. A proteggere lavoratori e famiglie fu soprattutto l'inedito Stato Sociale, che attenuò i contraccolpi della crisi internazionale causata, allora come oggi, dalla speculazione finanziaria.

Le leggi razziali e la sconfitta in una guerra più subìta che voluta hanno compromesso l'immagine del Fascismo, offrendo ai sostenitori del potere finanziario un pretesto per stroncare ogni dibattito. Così si è impedito di riflettere su quanto l'Italia seppe realizzare e sulla possibilità di un diverso modello di sviluppo, fondato su giustizia sociale e democrazia diretta.

Se il Fascismo fosse studiato e non criminalizzato, nella sua storia troveremmo risposte alla crisi di oggi e prospettive per il domani.

Seconda Guerra Mondiale

◯ 4

Le vere cause

Non sappiamo se l'obiettivo ultimo di Hitler fosse davvero la conquista del mondo o, più realisticamente, la riunificazione della Germania e l'espansione verso Est. Ciò che sappiamo con certezza è che la determinazione delle potenze democratiche – in primo luogo Inghilterra e Stati Uniti – nel condurre il conflitto fino alle sue estreme conseguenze trasformò quella che poteva restare un'altra guerra europea, simile a tante nella storia, in una vera e propria conflagrazione mondiale.

Le domande che emergono sono molte e tutt'altro che secondarie: perché Gran Bretagna e Francia dichiararono guerra alla Germania ma non all'Unione Sovietica, che pure aveva invaso la Polonia? Per quale ragione Hitler, a Dunkerque, lasciò che il corpo di spedizione inglese si mettesse in salvo dalla Francia occupata? E ancora: perché l'Italia attese un anno prima di entrare in guerra? Roosevelt avrebbe davvero potuto evitare Pearl Harbor?

In queste pagine cercheremo di dare risposte puntuali e documentate a tali interrogativi, raramente affrontati nei manuali scolastici, ma essenziali per comprendere le reali cause e le dinamiche del Secondo Conflitto Mondiale.

Liberatori senza gloria

I crimini Alleati e le stragi partigiane

In guerra, l'uomo tende a smarrire la propria dimensione umana, scivolando verso quella animale. Atti di eroismo e atrocità si intrecciano, confondendosi nel vortice degli eventi.

Dei crimini compiuti dagli sconfitti sappiamo tutto, o quasi: i libri di storia ne sono colmi e ci vengono ricordati a ogni occasione. Ma quanto conosciamo delle nefandezze dei vincitori? Delle angherie inflitte dagli Alleati ai prigionieri di guerra, delle violenze subite dalle popolazioni civili dei paesi occupati, o del lato oscuro della Resistenza — fatto di processi sommari, fosse comuni e brutalità contro le donne? Quasi nulla.

Dal grande libro della storia mancano pagine intere, talvolta strappate, talvolta lasciate deliberatamente in bianco. È giunto il momento di ricomporle, di sollevare quel velo di omertà e ipocrisia che da oltre ottant'anni copre le malefatte dei vincitori. Non per spirito di rivalsa, ma per amore della verità. Perché la storia, o la si racconta tutta, senza censure, oppure è meglio tacere.

Europa Risorgi

Idee e progetti per l'Alternativa Sociale

Con la fine del secondo conflitto mondiale in Europa si è imposto il modello americano, che ha accelerato il declino della civiltà europea.

Nella nostra vita di tutti i giorni è un continuo scimmiottare gli americani. Complice la cinematografia hollywoodiana e l'asservimento del mondo politico e intellettuale, nel vestire, nel parlare, nel mangiare. L'influenza dello stile *American way* è sempre più penetrante e devastante nei suoi effetti omologanti.

L'America è sicuramente un grande Paese sotto il profilo economico e, soprattutto, militare, ma dal punto di vista umano e civile non ha proprio nulla da insegnarci.

E rattrista vedere i nostri politici e intellettuali di destra, ma anche di sinistra (che ha capito come gira il vento), guardare con simpatia e ammirazione all'America, come se noi europei, maestri di cultura e civiltà, noi europei, che abbiamo insegnato al mondo a camminare, non fossimo in grado di sviluppare un nostro modello di società, ancorato ai nostri valori di umanità e di giustizia sociale.

Questo testo non è solo denuncia, è soprattutto proposta per realizzare la tanto mai necessaria Alternativa Sociale al Sistema.

Ecologia Sociale (in ristampa)

Per una diversa visione della natura

Lo sfruttamento sconsiderato delle risorse naturali, il progressivo depauperamento dell'ambiente e l'indifferenza verso ciò che non produce profitto sono segni evidenti di una società dominata dal modello liberal-capitalista. Questo sistema si alimenta di consumismo e affarismo: trasforma la natura in merce, crea bisogni artificiali e distrugge valori autentici.

Le conseguenze sono sotto gli occhi di tutti: un pianeta sempre più inquinato, un equilibrio naturale compromesso e una popolazione resa fragile da abitudini di vita malsane.

Non si tratta solo di una questione ambientale, ma anche di salute pubblica. L'aria che respiriamo, il cibo che consumiamo, l'acqua che beviamo risentono di questo modello predatorio. Il degrado ecologico si traduce in malattie diffuse, in un indebolimento fisico e psicologico che sembra funzionale agli interessi del Sistema stesso. Perché un uomo malato o dipendente da farmaci diventa fonte di profitto, mentre un uomo sano e libero non rende.

Praticare uno stile di vita diverso è il modo migliore per elevarci spiritualmente e la risposta più efficace a chi ci vorrebbe fragili e malaticci. Perché, secondo questa logica perversa, un uomo in salute non rende.

Saremo tutti vaccinati

Quando la psicosi corre più del virus

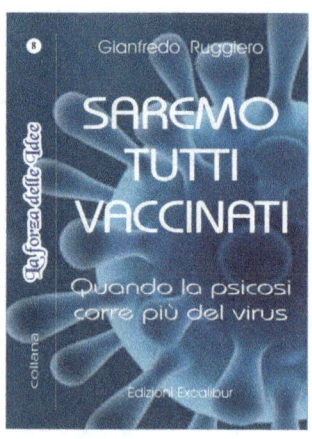

A novembre 2022 si è conclusa in Italia la più grande campagna di vaccinazione di massa mai realizzata nella storia della medicina. Eppure, a distanza di tempo, il dibattito resta acceso: da un lato chi ripone fiducia assoluta nella scienza, dall'altro chi esprime dubbi legittimi sulla sicurezza e sull'efficacia dei nuovi vaccini anti-Covid.

Le rassicurazioni fornite dalle case farmaceutiche non hanno fugato ogni perplessità. A destare i maggiori interrogativi sono stati i tempi con cui questi prodotti sono stati immessi sul mercato. La sfida era infatti duplice: da una parte un virus nuovo, sconosciuto, dall'altra una tecnologia inedita, quella genetica, applicata su larga scala per la prima volta. Due elementi che avrebbero dovuto spingere a una cautela ancora maggiore.

E invece, travolti dall'emergenza sanitaria, dalle pressioni dei governi e dal clamore mediatico, si è scelto di accelerare, di bruciare le tappe, pur sapendo che con la genetica non si scherza. Una decisione che ha lasciato dietro di sé una scia di interrogativi, destinati a pesare a lungo nel rapporto tra scienza, politica e società.

La Strage di Oderzo

Gli eccidi partigiani nel Basso Trevigiano

Il 28 aprile 1945 i militi della RSI di stanza a Oderzo (TV) raggiunsero un accordo con il CLN, con l'avallo dell'abate mitrato mons. Domenico Visentin.

Il patto prevedeva la consegna delle armi da parte di circa 600 fascisti – allievi ufficiali e militi dei battaglioni *"Emilia"* e *"Romagna"* – e il loro concentramento nel *"Collegio Brandolini"*, dove avrebbero ricevuto un lasciapassare per tornare alle proprie abitazioni.

Una volta deposte le armi e firmato l'accordo, nell'Istituto irruppero i partigiani della brigata *"Cacciatori della Pianura"*, che dichiararono di non riconoscerlo nonostante fosse stato approvato dai loro comandi regionali. In tre riprese prelevarono i prigionieri, legati a gruppi con filo spinato, e li fucilarono a Oderzo e a Ponte della Priula, spogliandoli poi di denaro e oggetti personali.

Nel dicembre 1953 il Tribunale di Velletri condannò i responsabili a pene tra i venti e i trent'anni di carcere. Ma grazie all'amnistia Togliatti furono presto rimessi in libertà e accolti trionfalmente a Roma, nella sede del PCI di via delle Botteghe Oscure, da Togliatti, Longo, Amendola, Pajetta e Terracini.

La SGM senza retorica

Volume primo: 1922-1940

In questo saggio — il primo di due volumi — proponiamo una diversa visione della Seconda Guerra Mondiale, depurata dai pregiudizi e dai luoghi comuni della storiografia ufficiale. I fatti e le circostanze sono descritti senza quel fastidioso sottofondo moralistico, spesso accompagnato da aggettivi sprezzanti e giudizi categorici, che caratterizza molti libri di storia contemporanea.

I principali avvenimenti che hanno segnato questo immane conflitto sono esposti con chiarezza e nella loro cruda realtà, senza nulla concedere all'ideologia né alla retorica dei vincitori.

Si dice spesso che la storia la scrivano i vincitori... non in questo caso.

Cambiamento climatico

Le vere cause

Il clima è sempre cambiato, con o senza gli umani, e ogni volta in modo diverso.

Nel corso dei suoi 4,6 miliardi di anni, il nostro Pianeta ha subito profonde variazioni climatiche che hanno visto l'alternarsi di fasi fredde e periodi caldi con temperature anche superiori a quelle di oggi. Eppure i valori di anidride carbonica si sono sempre mantenuti al di sotto di quelli attuali. Segno questo che sono altri i fattori che governano il clima, primo fra tutti quelli di ordine astronomico.

L'uomo è certamente responsabile dell'inquinamento dell'aria, dei mari e del consumo dei suoli, ma affermare che è anche responsabile del cambiamento climatico farebbe sorridere, se non fosse per le scellerate politiche dei governi che di verde hanno solo il colore dei dollari.

In questo saggio sono illustrati in modo semplice e chiaro i meccanismi che regolano i cambiamenti climatici, senza nulla concedere alla retorica della politica e alla speculazione ideologica di certo ambientalismo estremo... e alla fine scopriremo chi sono i veri negazionisti.

La SGM senza retorica

Volume secondo: 1941-1945

La Seconda Guerra Mondiale è stata raccontata per decenni attraverso una narrazione spesso segnata da semplificazioni, giudizi morali e luoghi comuni consolidati.

Questo saggio — secondo di due volumi — prosegue il percorso iniziato nel primo, dedicato alla genesi del conflitto e alle sue prime fasi. In queste pagine si entra nel vivo della guerra: con l'ingresso degli Stati Uniti e del Giappone il conflitto assume una dimensione realmente mondiale.

Gli eventi sono ricostruiti fino alla conclusione delle ostilità e alla nascita del nuovo ordine mondiale delineato dalle conferenze di Jalta e Potsdam, restituendo ai fatti la loro complessità storica, oltre la retorica dei vincitori.

L'autore

Gianfredo G. RUGGIERO

Ex professore di chimica e biologia. Sposato, tre figli, due cani e otto gatti. Vegano per scelta etica. Promotore negli anni settanta dei *Gruppi di Ricerca Ecologica* (GRE).

Cessata la sua lunga esperienza politica, nel 1998 fonda il *Circolo Culturale Excalibur* e in seguito dà vita ad *Alternativa Verde*, la componente ambientalista di Excalibur.

Ricercatore storico e scientifico, collabora con numerose riviste di settore. I suoi articoli sono spesso firmati con lo pseudonimo "*Artorius*".

E-mail: *circolo.excalibur@libero.it*